"十三五"应用技术型人才培养规划教材

# SQL Server 数据库技术项目化教程

刘中胜　编著

中国铁道出版社有限公司
CHINA RAILWAY PUBLISHING HOUSE CO., LTD.

## 内 容 简 介

本书从真实项目实施的思路出发，以 Microsoft SQL Server 2016 中文企业版为平台编写而成。全书按照"项目导向、任务驱动"的教学方法，以"电子商务系统"的数据库系统和"教学管理系统"的数据库系统两个项目案例贯穿整个教程。

本书共分 14 个项目（52 个任务），内容包括：数据库系统基础知识、数据库需求分析与设计、创建与管理数据库、创建与管理数据表、数据约束管理、更新数据、查询数据、创建与管理视图、创建与管理索引、T-SQL 编程、创建与管理存储过程、创建与管理触发器、数据库安全管理，以及备份与还原数据库。本书基于"立德树人"教育根本任务，坚持以德立身、以德立学、以德施教，按照知识传授、能力提升与价值塑造德的总体要求，将课程思政贯穿教学全过程，强化学习者能力的培养，将知识理解能力、技能实践能力和职业素养有机结合，具有较高的实用价值。

本书适合作为高等职业院校及应用型本科数据库系统相关课程的教材，也可供广大数据库技术人员学习参考。

**图书在版编目（CIP）数据**

SQL Server 数据库技术项目化教程 / 刘中胜编著 . 一
北京：中国铁道出版社有限公司，2020. 1（2024. 12 重印）
"十三五"应用技术型人才培养规划教材
ISBN 978-7-113-26406-2

Ⅰ. ①英… Ⅱ. ①李… Ⅲ. ①关系数据库系统 - 高等
学校 - 教材 Ⅳ. ① TP311. 132. 3

中国版本图书馆 CIP 数据核字（2019）第 291371 号

书 名：SQL Server 数据库技术项目化教程
作 者：刘中胜

| | |
|---|---|
| 策 划：韩从付 | 编辑部电话：(010) 51873090 |

责任编辑：刘丽丽　彭立辉
封面设计：刘 颖
责任校对：张玉华
责任印制：赵星辰

出版发行：中国铁道出版社有限公司（100054，北京市西城区右安门西街 8 号）
网　　址：https://www.tdpress.com/51eds
印　　刷：北京铭成印刷有限公司
版　　次：2020 年 1 月第 1 版　2024 年 12 月第 4 次印刷
开　　本：787 mm×1 092 mm 1/16　印张：15.5　字数：390 千
书　　号：ISBN 978-7-113-26406-2
定　　价：52.00 元

随着信息技术的飞速发展和广泛应用，作为信息技术的重要组成部分——数据库技术也越来越受到重视。部署、管理及应用数据库系统，是信息系统建设和运行成败的关键。微软新一代 Microsoft SQL Server 是应用非常广泛的数据库平台产品，不仅延续了原有数据平台的强大功能，而且全面支持云技术与平台；使用可缩放的混合数据库平台生成任务关键型智能应用程序，内置了需要的所有功能，包括高级安全性和数据库内分析等；为了管理方便，提供了丰富的、界面友好的、易学易用的图形界面的管理工具；SQL Server 2016 版本新增了安全功能、查询功能、Hadoop 和云集成、R 分析等功能，以及许多改进和增强功能。

本书以"电子商务系统"和"教学管理系统"两个项目案例贯穿整个教程。从真实项目的整个实施过程出发，基于"项目导向、任务驱动"的教学思想，围绕以下几方面的专业知识和技能实践做了详细介绍：数据库系统基础知识、数据库需求分析与设计、创建与管理数据库、创建与管理数据表、数据约束管理、更新数据、查询数据、创建与管理视图、创建与管理索引、T-SQL 编程、创建与管理存储过程、创建与管理触发器、数据库安全管理、备份与还原数据库。

本书具有如下创新和特色：

（1）认真分析企业数据库技术岗位需求和就业现状，全面规划、合理安排教材内容。打破传统的"以教师为中心、以某位任课教师的知识结构为中心"的教学观念，而以"企业需求为核心""以市场需求为导向"，分析企业对数据库技术人才的实际需求。企业需要什么样的数据库技术人才，就应培养什么样的人才，就应传授什么样的知识和技能。

（2）仔细分析高等职业院校及应用型本科学生的学习特点，以"学得懂、用得上"为目标，筛选并重构数据库技术中符合这类技术应用型学生学习的内容，把复杂难懂的，且企业岗位中极少涉及的数据库内容剔除，保留学生能学懂且在企业岗位中很有实用价值的知识和技能等关键内容。

（3）基于"项目导向、任务驱动"的教学方法组织教材内容，整个教材分为 14 个项目，每个项目又根据实际需求分解为多个任务来实现。

（4）符合项目化教学思路。每个项目根据"教学指导→项目提要→各任务的描述与实现→项目总结→拓展训练"的教学思路进行讲解。

（5）充分考虑了理论和实践的结合。每个项目、每个任务对涉及的技术理论做恰到好处的介绍，避免了过多深奥的理论论述，以"能理解、必须掌握、够用"为原则组织理论内容。实践操作技能是技术应用型学生学习的关键，因此，对各项目的任务分别使用 SSMS 工具和 T-SQL 语句两种方式来实现，并进行了详细介绍。

（6）充分考虑了教学实施需求。每个项目的教学指导中都包含项目分解、知识目标和技能目标。同时，在项目简介中提供了项目实施计划和学时安排，以供教学参考。

（7）真实项目实施提醒。在教材中设计有编者"提醒"，描述了编者在以往真实项目实施过程中遇到的最需要注意的问题。

（8）充分考虑到了不同层次和不同兴趣的学生。每个项目设计有拓展训练，包括理论知识训练和实践技能训练。

（9）坚持立德树人，落实课程思政。本教材认真分析企业数据库技术岗位需求和就业现状，合理规划内容，在任务实现和真实项目实施提醒等方面，落实立德树人的根本任务，引领学生树立正确的价值观、发展观。将知识传授与技术技能、实事求是和精益求精的工匠精神培养并重。

（10）提供配套的教学资源。本教材提供配套的课程标准、教学大纲、授课计划、教学课件、SQL 脚本代码、教学案例、拓展训练及习题答案等丰富的数字资源，可前往中国铁道出版社有限公司官方网站下载，下载地址为 http://www.tdpress.com/51eds/。编者还为本课程精心设计了教学案例，您可发邮件至 1810970421@qq.com 索取资源，加入 QQ 群：956446349，共同探讨教学心得。

本书由刘中胜编著。作者是在结合多年积累的相关数据库技术的项目开发经验和职业培训教育经验，分析技术应用型学生的学习特点下完成的。在编写过程中得到了各方朋友的热情帮助和大力支持，在此表示衷心的感谢。

由于时间仓促，编者水平有限，书中难免存在疏漏和不足之处，敬请广大读者和专家通过以上联系方式提出宝贵意见，以便我们在未来的工作中不断进行改进和完善。

编 者

2024 年 12 月

信息技术飞速发展，并在社会各个领域发挥着非常重要的作用。信息系统的建设在各行各业都不同程度地得以实现，如政府领域的电子政务系统、银行领域的业务系统、企业的信息化系统（如 ERP 系统、CRM 系统、SCM 系统等）、教育领域的教学管理系统、商业领域的电子商务系统等。而数据库系统是信息系统的重要组成部分，部署、管理及应用数据库系统，是信息系统建设和运行成败的关键。在这些信息系统中，电子商务系统在短时间内发展尤为迅猛，产业规模不断扩大，应用非常普及，同时，提供电子商务技术服务的企业也不断涌现。因此，电子商务网站的开发已成为软件开发的一个重要业务方向，电子商务数据库也成为数据库技术应用的一个重要方向。

贯穿本书的项目案例有两个，其中，教学项目是"电子商务系统"，拓展训练项目是"教学管理系统"。对于拓展训练项目，教师在教授过程中可要求学生参照所在学校教学管理系统中的数据库进行拓展训练，充分发挥学生自主学习的能力。

本书详细介绍了"电子商务系统"数据库平台设计与实现的过程，各项目内容适合 Microsoft SQL Server 2008 及以上版本的产品。本书各项目的实践操作是在 Microsoft SQL Server 2016 中文企业版环境下实现的。教师可根据学校的实际情况选择相应的 Microsoft SQL Server 2008 及以上版本作为实践操作平台。

## 项目案例数据库

贯穿本教程的"电子商务系统"数据库，其数据库名为 eshop。对于电子商务系统的数据库，根据不同的需求，在设计数据库时有所区别，每个电子商务系统的关系模型设计是不一样的。也就是说，在数据库中创建的表的数量不同，表的结构也不同，表与表的关系也不同。本教程面向的是高等职业院校及应用型本科的学生，因此，相对来讲，关系模型设计比较简单，更适合这一层次的学生学习。在 eshop 数据库中，设计有商品表（product）、商品类别表（category）、供应商表（supplier）、订单表（orders）、会员表（member）、员工表（employee）和部门表（department）。各数据表结构及示例数据参见附录 C。

项目实施计划

数据库技术课程通常安排 16 周或 18 周，每周 4 学时，总计为 64 学时或 72 学时。下面给出 64 学时的建议实施计划（见下表），根据学生情况和学校教学安排等实际情况，各位教师可以做出适当的调整。

| 项目 | 项目标题 | 建议学时 | 项目 | 项目标题 | 建议学时 |
|------|----------|----------|------|----------|----------|
| 项目 1 | 数据库系统基础知识 | 4 | 项目 9 | 创建与管理索引 | 2 |
| 项目 2 | 数据库需求分析与设计 | 6 | 项目 10 | T-SQL 编程 | 4 |
| 项目 3 | 创建与管理数据库 | 6 | 项目 11 | 创建与管理存储过程 | 4 |
| 项目 4 | 创建与管理数据表 | 4 | 项目 12 | 创建与管理触发器 | 4 |
| 项目 5 | 数据约束管理 | 6 | 项目 13 | 数据库安全管理 | 4 |
| 项目 6 | 更新数据 | 2 | 项目 14 | 备份与还原数据库 | 4 |
| 项目 7 | 查询数据 | 6 | 课程总结与复习 | | 4 |
| 项目 8 | 创建与管理视图 | 4 | | | |

# 目 录

# 数据库系统基础知识

数据库技术是一门关于数据库的结构、存储、设计、管理和应用的技术，随着信息技术的飞速发展，数据库技术也在各个领域迅速普及，并发挥重要的作用。数据库是数据的集合，即数据的"仓库"，对数据的存储、管理和应用是数据库技术的核心。

本项目是后续内容的预备知识，主要介绍数据库在实际应用系统中的重要作用，了解并掌握数据库技术的相关基础知识和常识，可对后续单元内容的学习和实现起到很大的帮助作用。

## 教学指导

| | |
|---|---|
| 项目分解 | 任务 1-1 体验数据库的应用<br>任务 1-2 掌握数据库系统的基本概念<br>任务 1-3 使用 MS SQL Server 2016 |
| 知识目标 | ① 了解应用系统中数据库的作用<br>② 理解数据、数据库、数据库管理系统、数据库系统、数据库系统体系结构、数据库用户和管理员、数据模型等相关概念及基础知识<br>③ 了解 SQL Server 2016 的服务类型及启动模式<br>④ 了解 SQL Server 2016 的身份验证模式<br>⑤ 了解 SQL Server 2016 的主要管理工具 |
| 技能目标 | ① 能够使用"SQL Server 配置管理器"设置 SQL Server 相关服务的启动模式<br>② 能够使用"SQL Server 配置管理器"管理 SQL Server 相关服务，如启动、停止、暂停、继续、重新启动<br>③ 能够启动 SQL Server Management Studio，并连接到服务器<br>④ 能够在 SQL Server Management Studio 中打开"对象资源管理器"和"查询编辑器" |
| 素养目标 | ① 了解计算机从业人员应当具备的职业道德<br>② 对社会主义核心价值观的认同感<br>③ 了解数据库技术发展趋势 |

## 项目提要

数据库技术是信息化应用系统的重要组成部分，要想真正掌握数据库系统在应用系统中的地位和作用，首先必须了解并掌握如下几个问题：什么是数据库？什么是数据库系统？数据库系统和应用系统有何关联关系？常见的数据库产品有哪些？如何管理、应用、维护这些数据库产品？等等。本项目将详细介绍这些相关的内容。

## 任务 1-1　体验数据库的应用

近年来，随着信息技术的应用不断发展，网上购物已是人们日常消费的重要模式。电子商务网站也呈现不同层次、多样性发展的特点。影响比较大的电子商务网站有淘宝网、当当网、京东商城等。作为电子商务系统中必不可少的重要内容——数据库技术日趋重要。

### 1. 任务描述

在学习数据库系统相关的基础知识之前，通过具体的应用案例体验数据库的作用，以及数据库与应用程序之间的关系，从而对数据库系统的相关基础知识有感性、直观的认识。体验数据库应用的经典案例有很多，例如，通过学校的教务管理系统查询课程和成绩信息；通过学校的图书管理系统进行借书、还书、查询借阅情况；通过淘宝网、当当网等查询商品信息、购买商品，等等。

本任务以在当当网查询商品为例来体验数据库的应用。登录"当当网"（www.dangdang.com）查询"中国铁道出版社有限公司"出版的与"数据库"相关的书籍，根据查询的条件和查询的结果，体验电子商务网站的数据库系统和应用系统之间的关联关系，体验数据库系统在电子商务系统中的作用和地位。在体验数据库系统应用的基础之上，了解与数据库应用技术相关的基本概念和知识，如数据、数据库、数据库管理系统、数据库系统、数据模型等相关的基础知识。

### 2. 任务实现

任务实现的步骤如下：

●Step1：打开计算机上的浏览器（如 IE 浏览器），在地址栏中输入 www.dangdang.com 网址，按【Enter】键，进入当当网首页，如图 1-1 所示。

图 1-1　当当网首页

●Step2：选择"图书"类别，进入图书分类网页，如图 1-2 所示。

●Step3：单击"高级搜索"超链接，进入"高级搜索"页面，在书名输入框中输入"数据库"，在出版社输入框中输入"中国铁道出版社"，然后单击"搜索"按钮，如图 1-3 所示。

图 1-2　当当网图书分类网页

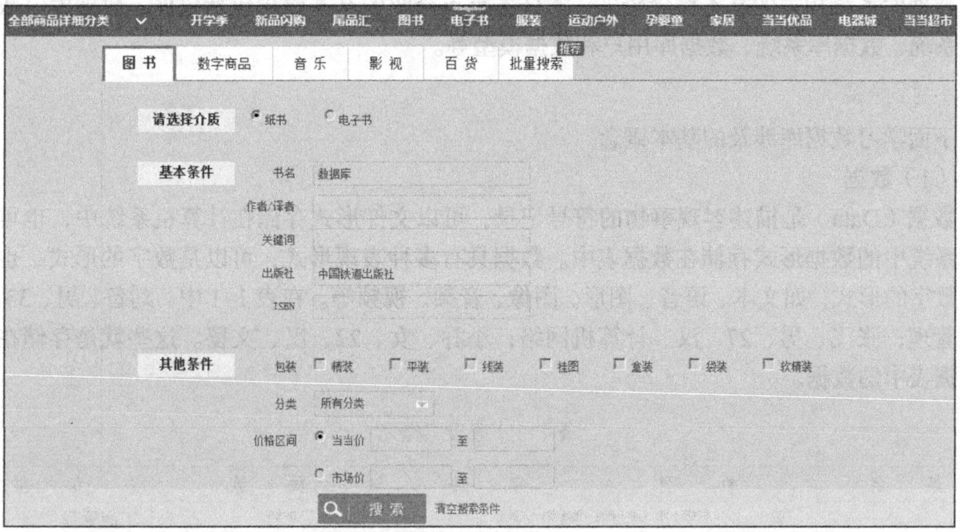

图 1-3　当当网高级搜索网页

　　从上述操作可知，查询结果中包含书名、价格、作者、出版社等信息。那么这些显示数据来自哪里？又是如何获得的？事实上这些数据存储在数据库服务器的数据库中，数据库就像个大"仓库"，保存着各种书籍的数据信息，如书名、价格、作者、出版社等数据。在浏览器中输入相应的查询条件数据，单击"搜索"按钮，就会把查询请求提交给应用软件（当当网的Web 购物软件）。应用软件再把查询请求转换成数据库管理系统所能识别处理的查询命令，然后提交给数据库服务器，由数据库服务器中的 DBMS 进行数据处理，从数据库中读出数据，并把处理结果返回给应用软件，应用软件再返回给浏览器显示出来，这样就会在浏览器中的网页看到查询结果。数据库应用工作流程如图 1-4 所示。

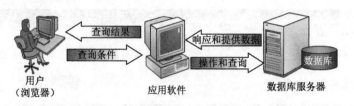

图 1-4 数据库应用工作流程

 **任务 1-2 掌握数据库系统的基本概念**

通过在当当网上查询图书商品的体验，初步了解到数据库系统和应用软件系统之间的关联关系，同时，在体验过程中，也涉及一些基本概念，如数据、数据库、数据库管理系统等。这些概念将在本任务中进行详细介绍。

1. 任务描述

数据库系统相关的基本概念较多，本任务重点介绍的基本概念包括数据、数据库、数据库管理系统、数据库系统、数据库用户和数据模型等。

2. 任务实现

下面学习数据库涉及的基本概念。

（1）数据

数据（Data）是描述客观事物的符号记录，可以文件形式存储在计算机系统中，也可以数据库系统中的数据形式存储在数据表中。数据具有多种表现形式，可以是数字的形式，也可以是非数字的形式，如文本、语音、图形、图像、音频、视频等。在表 1-1 中，刘备、男、33、汉、工商管理；张飞、男、27、汉、计算机网络；小乔、女、22、汉、文秘。这些就是存储在数据库数据表中的数据。

表 1-1 数据的概念

| 姓　　名 | 性　　别 | 年　　龄 | 民　　族 | 专　　业 |
|---|---|---|---|---|
| 刘备 | 男 | 33 | 汉 | 工商管理 |
| 张飞 | 男 | 27 | 汉 | 计算机网络 |
| 小乔 | 女 | 22 | 汉 | 文秘 |

（2）数据库

数据库（Database）是存储数据的"仓库"，是数据的集合。在数据库系统中由表、关系、视图、存储过程、触发器、索引等操作对象组成。数据库中包含数据表、存储过程、视图等对象，如图 1-5 所示。如图 1-6 所示，在 SQL Server 2016 中建立了一个名为 school_DB 的数据库，此数据库包含"教师""学生"两个表，以及一个名为"VIEW_教师"的视图。表、视图、存储过程、索引等对象的相关内容将在后续相应单元中介绍。

（3）数据库管理系统

数据库管理系统（Database Management System，DBMS）是用于管理数据库的系统软件，由数据库和一组用于访问及管理这些数据库的程序构成，可以组织和存储数据，获取、检索、管理和维护数据库中的数据，是数据库系统的核心组成部分。应用系统（或用户）通过数据库管理系统来访问、维护数据库中的数据。DBMS 的主要功能包括数据定义、数据操纵、运行管理、数据库的建立和维护等。

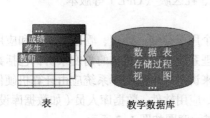

图 1-5　数据库包含的对象　　　　　　　　图 1-6　建立的 school_DB 数据库

主流的 DBMS 产品有微软公司的 MS SQL Server、Oracle 公司的 Oracle 数据库服务器产品、IBM 公司的 DB2 数据库服务器产品。在不会混淆的情况下，有时人们习惯将数据库管理系统称为数据库，如 SQL Server 2016 数据库、Oracle 12c 数据库。

下面对现在主流的数据库管理系统产品进行简单的介绍。

① MS SQL Server。MS SQL Server 产品是 Microsoft 公司推出的典型的关系型数据库管理系统。产品最早期的几个版本是由 Microsoft 公司和其他公司合作开发的，第一个完全由 Microsoft 公司开发的版本是 1995 年发布的 SQL Server 6.0，然后在 1996 年发布 SQL Server 6.5，接着 Microsoft 再次重写 SQL Server 的核心数据库引擎，并于 1998 年发布 SQL Server 7.0。这些版本都是适合于中小型企业的数据库应用系统。2000 年初，Microsoft 公司推出了其第一个适合于大型企业数据库应用的企业级数据库系统 SQL Server 2000。其后相继发布了 SQL Server 2005、SQL Server 2008、SQL Server 2012、SQL Server 2014、SQL Server 2016 等版本。

SQL Server 2016 是 Microsoft 数据平台历史上最大的一次跨越性发展，具有性能更高、简化管理等各种特性，而且所有功能都可在主流平台上运行的数据库上实现。SQL Server 2016 的主要版本包含企业版（Enterprise）、标准版（Standard）。另外，SQL Server 2012 发布时还包括 Web 版、开发者版本（Developer）以及精简版（Express）等。

② Oracle。Oracle 数据库，也称 Oracle RDBMS（简称 Oracle），是甲骨文公司（Oracle 公司）的一款关系数据库管理系统，到目前为止，仍在数据库产品市场占有相当大的份额，是世界上使用最广泛的关系型数据库管理系统，是可运行于多操作系统平台上的、适合于大型企业的企业级数据库产品。Oracle 数据库产品历史悠久，1980 年，推出世界上第一个商用关系型数据库产品 Oracle 2 版，此后，相继推出 Oracle 3、Oracle 4、Oracle 5、Oracle 6、Oracle 7、Oracle 8、Oracle 8、Oracle 9i、Oracle 10g、Oracle 11g、Oracle 12c、Oracle 18c、Oracle 19c 等版本。

③ DB2。DB2 是 IBM 公司推出的一种关系型数据库管理系统，也是具有悠久历史的、可适用于大型应用系统的数据库平台，具有较好的可伸缩性，可支持大型机及普通的 PC 环境，支持多操作系统平台，如 OS/2、UNIX、Windows、Linux、OS/400、OS/390 等。2000 年，推出 DB2 V9 版本，将数据库领域带入 XML 时代。较新版本为 DB2 V11，提供了满足各种业务需求的新功能部件和增强功能，从而使数据库更有效率、更简化且更可靠。它具有全面的企业安全性、简化的安装和部署、更高的易用性和适用性、顺利的升级过程，以及对超大型数据库的增强功能。

④ MySQL。MySQL 是一个开源的小型关系型数据库管理系统，开发者为瑞典 MySQL AB

公司，2008 年被 Sun 公司收购，由于开源、小型、速度快、成本低等特性，被广泛地应用在 Internet 上的中小型网站中。后来，Sun 公司被 Oracle 公司收购，MySQL 就作为 Oracle 公司旗下的另一款数据库产品。现在，MySQL 是全球最受欢迎的开源数据库，具有经济高效、可靠、高性能、可伸缩等特性，适合基于 Web 的数据库应用程序和嵌入式数据库应用程序。MySQL 现发布的版本有云服务版、企业版、集群 CGE 版、社区版（GPL）等版本。

（4）数据库系统

数据库系统（DataBase System，DBS）是一个用于存储、处理、管理、维护和应用数据的软件系统，包括软件、数据、数据库和数据库管理系统等。从狭义的角度来讲，包括数据、数据库、数据管理系统等组成部分；从广义的角度来讲，一个数据库系统应由计算机硬件、系统软件（如操作系统）、数据库管理系统、开发语言、应用软件、数据库人员（如数据库设计人员、数据库开发人员、数据库管理员）等组成，其构成示意图如图 1-7 所示。

数据库系统是信息化应用系统的核心，其体系结构受数据库运行所在的计算机系统的影响很大，计算机系统的体系结构不同（如联网、并行和分布），数据库系统体系结构也不同。因此，数据库系统体系结构可分为集中式、客户机 / 服务器（C/S）、并行和分布式 4 种体系结构。

① 集中式数据库系统。集中式数据库系统是早期的一种体系结构，只运行在一台计算机系统，不与其他计算机系统进行交互。这样，数据就集中在单台机器上，同时，对数据的管理、处理和使用也都集中在单台机器上完成，其体系结构图如图 1-8 所示。

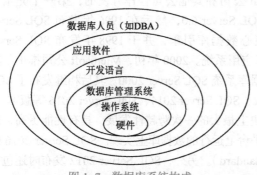

图 1-7　数据库系统构成

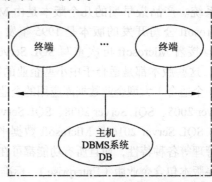

图 1-8　集中式数据库系统

② 客户端 / 服务器数据库系统。随着计算机技术和网络技术的发展，具有高存储、高处理能力、高速度、低价格的个人计算机代替了终端，从而出现了客户机 / 服务器体系结构。在这种体系结构中，数据库系统功能分为前端和后端。数据库后端负责存取结构、查询、计算和优化、并发控制以及故障恢复。数据库前端包括 SQL 用户界面、表格界面、报表生成工具，以及数据挖掘与分析工具。前端和后端之间的接口通过 SQL 或应用程序来实现，如 ODBC、JDBC、ADO.NET 等标准就定义了客户端（前端）和服务器端（后端）的接口标准。客户端 / 服务器数据库系统体系结构如图 1-9 所示。

③ 并行数据库系统。并行体系结构的数据库系统通过并行地使用多个处理器和磁盘来提高处理速度和 I/O 速度。在并行处理中，许多操作是同时执行的，而不是串行处理的。这种体系结构，对于每秒需要处理很大数量的事务（每秒钟数千个事务）的应用是相当有用的。并行数据库体系结构有几种，其中重要的几种是共享内存、共享磁盘、无共享和混合型。

- 共享内存：同一台机器上有多个处理器，所有的处理器共享一个公共的主存储器（内存），如图 1-10 所示。

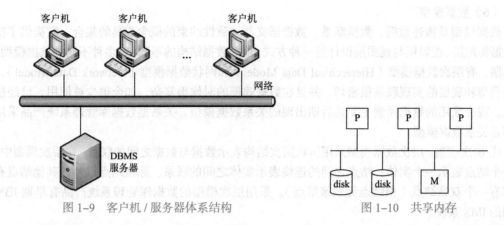

图 1-9 客户机 / 服务器体系结构　　　　　　　　图 1-10 共享内存

- 共享磁盘：同一台机器上有多个处理器，所有的处理器共享一个公共的磁盘，如图 1-11 所示。
- 无共享：同一台机器上有多个处理器，各个处理器既不共享公共的内存，也不共享公共的磁盘，它们都有自己的内存和磁盘，如图 1-12 所示。

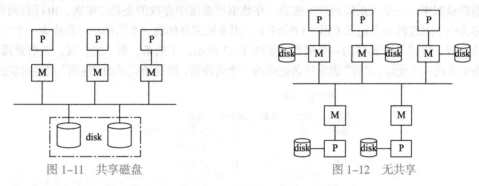

图 1-11 共享磁盘　　　　　　　　　　　　　　图 1-12 无共享

- 混合型：是共享内存、共享磁盘和无共享 3 种体系结构的混合。

④ 分布式数据库系统。在分布式数据库系统体系结构中，数据上库分布在地理位置不同的各结点计算机上。物理上是分布的，逻辑上可能是分布的，也可能是集中的。采用分布式体系结构的数据库系统具有数据共享、自治性和可用性等优点。数据共享使得一个站点的用户可以访问其他站点的数据。自治性使得每个站点对本地存储的数据保持一定程度的控制。可用性使得一个站点的系统发生故障，其他站点仍可继续运行，如果数据在不同站点上进行了复制，可使得整个业务系统仍然继续正常运行。

（5）数据库用户和管理员

使用数据库的人员包括数据库用户和数据库管理员。数据库用户可分为普通使用者、数据库设计人员和数据库开发人员。普通使用者也就是最终用户，通过已经写好的应用程序访问数据库。数据库设计人员是对数据库进行需求分析、概念结构设计、逻辑结构设计、物理结构设计的专业人员。数据库开发人员是专业的编程人员，负责编写使用数据库的应用程序。数据库管理员（Database Administrator，DBA）是对数据库系统进行管理和控制的人员，其主要作用包括定义存储结构和存取方法、修改模式和物理组织、定义数据库安全性和约束条件、监控数据库运行、改进数据库性能、制定备份策略并定期备份数据库，以及其他日常维护工作。

（6）数据模型

数据模型是描述数据、数据联系、数据语义与一致性约束的概念工具的集合，它提供了描述数据物理层、逻辑层与视图层设计的一种方式。根据数据结构的不同，有多种不同的数据模型。在早期，有层次数据模型（Hierarchical Data Model）和网状数据模型（Network Data Model），这些模型和底层的实现联系很密切，并且在数据建模的时候很复杂，如今很少被使用，已经被淘汰。现在采用的数据模型主要是后期出现的关系数据模型。关系型数据库管理系统产品采用的都是关系数据模型。

① 层次模型。层次数据模型采用树状层次结构表示数据与数据之间的联系。在层次模型中，每一个结点表示一个实体，结点之间的连线表示实体之间的联系，除根结点以外的其他结点有且仅有一个双亲结点（根结点无双亲结点）。采用层次模型的数据库管理系统产品有早期 IBM 公司的 IMS 系统。

② 网状模型。网状数据模型采用网络结构表示数据与数据之间的联系。在网状模型中，允许多个结点无双亲，每个结点可以有一个、两个或多个双亲结点。由于网状数据模型的复杂性高等原因，并没有代表性的数据库管理系统的产品。

③ 关系模型。关系数据模型用表来表示数据和数据间的联系，是一种基于记录的模型。在关系数据模型中，一个关系就对应一张表。在数据库系统中存放的表是二维表，由行和列构成。一行称为一个元组或一条记录（第一行除外），用来描述具体的一个实体；一列称为一个字段、属性或栏目，描述某个实体的一个属性。如图 1–13 所示，（刘备，男，33，汉，工商管理）表示一条记录或一个元组。"男"表示这条记录的一个属性值，即这条记录的"性别"属性对应的值。

列（字段、属性）

| 姓名 | 性别 | 年龄 | 民族 | 专业 | |
|------|------|------|------|--------|---|
| 刘备 | 男 | 33 | 汉 | 工商管理 | 元组（记录） |
| 张飞 | 男 | 27 | 汉 | 计算机网络 | |
| 小乔 | 女 | 22 | 汉 | 文秘 | |

图 1–13　数据库表

关系模型不但应用广泛，而且具有自己的优点，如结构简单清晰、易懂易用、严格的理论基础、存取路径对用户透明，以及更高的独立性和安全性。

## 任务 1–3　使用 MS SQL Server 2016

SQL Server 2016 是 Microsoft 数据平台的又一次升级版本，具有行业领先、高级安全、端到端移动 BI、数据库内高级数据分析等优势。SQL Server 2016 提供了丰富的、界面友好的、易学易用的图形界面管理工具。这些图形界面管理工具主要包括 SQL Server 2016 配置管理器、SQL Server Management Studio（需单独下载安装）、SQL Server 2016 Profiler、SQL Server 2016 数据库引擎优化顾问等。

（1）SQL Server 2016 服务

SQL Server 2016 作为一个全新的企业级数据库开发平台，其主要功能模块包括引擎服务、分析服务、报表服务和集成服务等。

数据库引擎模块用于存储、处理和保护数据的核心服务。利用数据库引擎可控制访问权限并快速处理事务，从而满足企业内要求极高而且需要处理大量数据的应用需要。使用数据库引擎创建用于联机事务处理或联机分析处理数据的关系数据库。这包括创建用于存储数据的表和用于查看、管理和保护数据安全的数据库对象（如索引、视图和存储过程）。

安装数据库引擎服务模块后，系统将有 3 种服务需要管理：

① 数据库引擎服务：作为 SQL Server 数据库引擎的可执行进程，是数据库引擎模块的核心服务，如果此服务停止，数据库引擎模块的功能将无法正常提供。数据库引擎可以是默认实例（每台计算机只有一个），也可以是多个数据库引擎命名实例中的一个。默认实例的服务名是 SQL Server（MSSQLSERVER）。命名实例（如果安装的话）的服务名是 SQL Server（<instance_name>）。默认情况下，SQL Server Express 版本安装后，服务名是 SQL Server（SQLEXPRESS）。

② SQL Server 代理服务：一种 Windows 服务，可执行计划的管理任务（如作业和警报）。最常见的作业，就是执行数据库自动化备份，如果 SQL Server 代理服务停止，将无法实现数据库的自动化备份。

③ SQL Server Browser 服务：一种 Windows 服务，可侦听对 SQL Server 资源的传入请求并为客户端提供有关计算机中安装的 SQL Server 实例的信息。SQL Server Browser 服务用于计算机上安装的所有 SQL Server 实例。

除以上服务外，其他服务在安装过程中可以选择是否安装，如分析服务、报表服务、集成服务。

① 分析服务（Analysis Services）：提供多种解决方案来生成和部署用于在 Excel、Performance Point、Reporting Services 和其他商业智能应用程序中提供决策支持的分析数据库。任何 Analysis Services 解决方案的基础都是商业智能语义数据模型以及在该模型中实例化、处理、查询和管理对象的服务器实例。

② 报表服务（Reporting Services）：基于服务器的报表平台，为各种数据源提供了完善的报表功能。报表服务包含一整套可用于创建、管理和传送报表的工具以及允许开发人员在自定义应用程序中集成或扩展数据和报表处理的 API。使用报表服务，可以从关系数据源、多维数据源和基于 XML 的数据源创建交互式、表格式、图形式或自由格式的报表。报表可以包含丰富的数据可视化内容，包括图表、地图和迷你图。可以发布报表、计划报表处理或按需访问报表。

③ 集成服务（Integration Services）：用于生成企业级数据集成和数据转换解决方案的平台。集成服务可以提取和转换来自多种源（如 XML 数据文件、平面文件和关系数据源）的数据，然后将这些数据加载到一个或多个目标。

SQL Server 服务的启动模式有 3 种：手动、自动和禁用。

- 手动：计算机启动时，此服务不自动启动，管理人员必须使用 SQL Server 配置管理器或其他工具来启动该服务。
- 自动：计算机启动时，此服务将尝试启动。
- 禁用：此服务无法启动。

（2）SQL Server 配置管理器

SQL Server 配置管理器（SQL Server Configuration Manager）是用于配置 SQL Server 服务和网络连接的图形管理工具，包括 SQL Server 服务、SQL Server 服务网络配置和 SQL Native Client 配置 3 个工具程序。通过它们，管理员可以对 SQL Server 相关的服务进行启动、停止、暂停、查看属性与监控等管理操作，并对访问 SQL Server 的网络协议与相关配置进行设置。

（3）SQL Server Management Studio

SQL Server Management Studio（简称 SSMS）是用于管理 SQL Server 基础结构的集成环境，用于访问、配置、控制、管理和开发 SQL Server 的所有组件。以前的 SQL Server 版本自身包含 SSMS 管理工作组件，安装时可以选择安装此组件，而 SQL Server 2016 版本自身不包含 SSMS 管理工具组件，微软官方网站提供免费下载，需下载后单独安装。SQL Server Management Studio 提供了图形界面，用于配置、监视和管理 SQL Server 的实例。此外，还可以部署、监视和升级应用程序使用的数据层组件，如数据库和数据仓库。SQL Server Management Studio 还提供了 Transact-SQL、MDX、DMX 和 XML 编辑器用于编辑和调试脚本。

（4）SQL Server Profiler

SQL Server Profiler 是 SQL Server 中一个具有丰富功能的图形界面的性能管理工具，用于监视 SQL Server 数据库引擎实例或 Analysis Services 实例，提供创建、管理和跟踪并分析和重播跟踪结果，以便诊断数据库运行的性能问题。

另外，数据库引擎优化顾问也是一个 SQL Server 图形界面的性能管理工具。使用 GUI（图形用户界面）可以方便快捷地查看会话结果。

1. 任务描述

MS SQL Server 是一种在系统后台运行的应用程序。SQL Server 数据库引擎、SQL Server 代理和一些其他 SQL Server 组件都作为服务运行。这些服务有些在操作系统启动时自动启动，有些则不会，取决于安装过程中是如何设置的。因此，在 SQL Server 2016 完成之后，为了使 SQL Server 2016 正常运行，并提供相关的功能服务，必须确保 SQL Server 2016 相关的服务已启动并正常运行。如何启动、停止、暂停、恢复和重新启动等服务的管理，是服务的重要管理工作。启动和管理 SQL Server 2016 的服务有多种方式，其中"SQL Server 2016 配置管理器"工具是最方便、最常用的图形界面管理工具。

除了管理数据库的服务外，对实例、数据、数据库及其他数据库对象的管理，也是数据库系统的重要管理工作。这些管理工作可以通过 SSMS 工具来实现。SSMS 是一种功能丰富的、图形界面的集成管理客户端，集成了如"对象资源管理器""注册服务器""查询编辑器"等重要管理组件，能更方便、更快捷地满足 SQL Server 管理员的管理需要。

本任务需要完成如下工作：

① 使用"SQL Server 配置管理器"启动并管理 SQL Server 2016 的引擎服务。

② 启动 SSMS 工具，并连接到 SQL Server 2016 服务器，了解 SSMS 工具中重要组件的作用。

2. 任务实现

① 使用"SQL Server 配置管理器"启动并管理 SQL Server 2016 的引擎服务。

▶ Step1：选择"开始"→"所有程序"→"Microsoft SQL Server 2016"→"SQL Server 2016 配置管理器"，打开 SQL Server Configuration Manager 窗口，如图 1-14 所示。

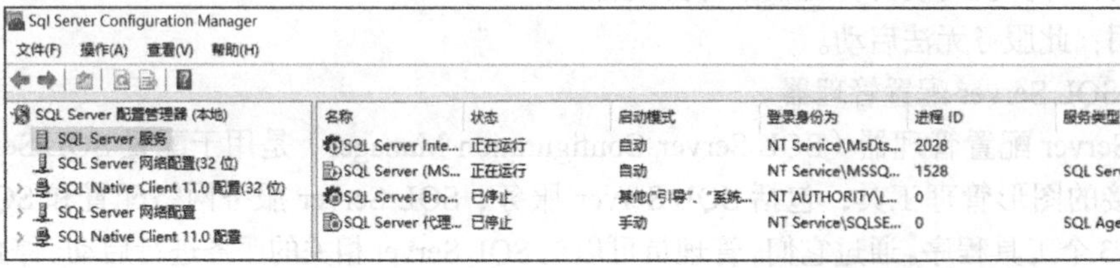

图 1-14　SQL Server Configuration Manager 窗口

● Step2：在 SQL Server Configuration 窗口的左窗格中，单击"SQL Server 服务"，在右边结果框中可以看到各个服务的名称、状态、启动模式等相关信息。右击引擎服务 SQL Server（MSSQLSERVER）选项，从弹出的快捷键菜单中选择"属性"命令，打开"SQL Server（MSSQLSERVER）属性"对话框，如图 1–15 所示。

● Step3：选择"服务"选项卡，在"启动模式"下拉列表中选择相应的启动模式（自动、已禁用和手动），默认为"自动"模式，如图 1–16 所示。

图 1–15 "SQL Server（MSSQLSERVER）
属性"对话框

图 1–16 "服务"选项卡

● Step4：在 SQL Server 配置管理器的左窗格中，单击"SQL Server 服务"，在右边结果框中右击 SQL Server（MSSQLSERVER）选项，在弹出的快捷键菜单中选择"启动""停止""暂停""继续""重新启动"等命令，即可对 SQL Server 引擎服务进行启动（已停止或已暂停状态下）、停止（正在运行或已暂停状态下）、暂停（正在运行状态下）、继续（已暂停状态下）、重新启动（正在运行或已暂停状态下）等管理操作，如图 1–17 所示。

图 1–17 "SQL Server"快捷菜单

提醒：要使 SQL Server 2016 能提供正常的数据存储、处理、查询和安全等管理等操作，SQL Server（MSSQLSERVER）服务必须启动，即处于正在运行状态。一般情况下，SQL Server 2016 安装完毕，此服务默认已经启动。

对其他的服务（如 SQL Server 代理）的管理，可参照 Step2 ~ Step4 来实现。

② 启动 SSMS 工具，连接到 SQL Server 2016 服务器，了解 SSMS 工具中的重要组件的作用。

● Step1：选择"开始"→"所有程序"→"Microsoft SQL Server 2016"→"Microsoft

SQL Server Management Studio" 命令，打开"连接到服务器"对话框，如图 1-18 所示。

> Step2：在"服务器类型"下拉列表框中选择"数据库引擎"，如图 1-19 所示。

图 1-18　"连接到服务器"对话框

图 1-19　选择服务器类型

> Step3：在"服务器名称"下拉列表框中选择相应的服务器，也可以选择"<浏览更多…>"选项来查找其他服务器，如图 1-20 所示。（默认的服务器名称和 Windows 操作系统的计算机名相同。）

> Step4：在"身份验证"下拉列表框中选择身份验证的方式："Windows 身份验证""SQL Server 身份验证"或 Active Directory 相关身份验证，如图 1-21 所示。如果选择"SQL Server 身份验证"方式，则还需要输入"登录名"和"密码"。此处暂时选择"Windows 身份验证"，相关内容将在项目 13 中进行详细介绍。

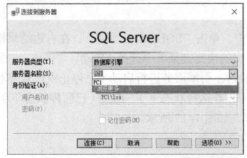

图 1-20　"服务器名称"选择框

图 1-21　"身份验证"选择框

> Step5：单击"连接"按钮，即可连接到相应的服务器。如果连接成功，默认在 SSMS 管理工具窗口中显示"对象资源管理器"，如图 1-22 所示。

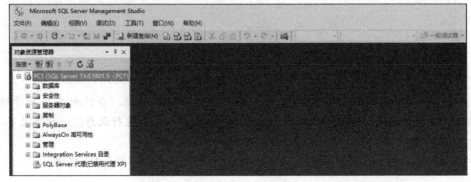

图 1-22　SSMS 窗口

"对象资源管理器"组件是 SSMS 的一个组件，它提供服务器中所有对象的表格视图，并显示一个用于管理这些对象的用户界面。对象资源管理器的功能根据服务器的类型稍有不同，但一般都包括用于数据库的开发功能和用于所有服务器类型的管理功能。

在 SSMS 管理工具窗口中，除了默认显示的"对象资源管理器"窗格外，还可以在"视图"菜单中选择显示其他的组件窗格（如"已注册的服务器"），如图 1-23 所示。

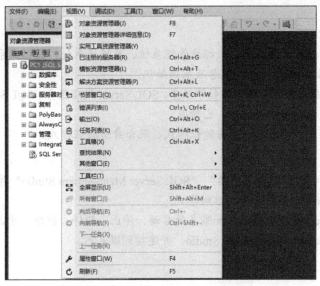

图 1-23  SSMS 添加显示组件

在 SSMS 中注册服务器可以存储服务器连接信息，以供将来连接时使用。有 3 种方法可以在 SQL Server Management Studio 中注册服务器。

- 在安装 Management Studio 之后首次启动它时，将自动注册 SQL Server 的本地实例。
- 可以随时启动自动注册过程来还原本地服务器实例的注册。
- 使用 SSMS 的"已注册的服务器"工具注册服务器。

同时，可以通过工具栏上的"新建查询"调用"查询编辑器"组件，以便编写、分析、执行 SQL 代码，如图 1-24 所示。

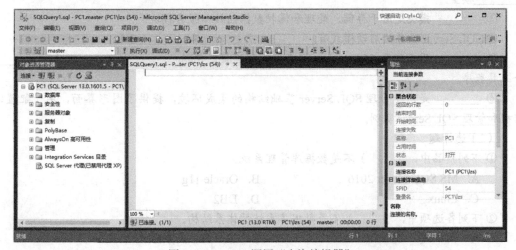

图 1-24  SSMS 调用"查询编辑器"

# 项 目 总 结

本项目结合实际的数据库应用来体验数据库系统的作用，介绍了数据库系统相关的概念和基础知识，同时介绍了 SQL Server 2016 的重要管理工具和简单使用方法。涉及的关键知识和关键技能如下：

## 1. 关键知识

① 基础知识：数据、数据库、数据库管理系统、数据库系统、数据库系统体系结构、数据库用户和管理员、数据模型等相关概念及基础知识。

② SQL Server 服务类型：数据库引擎服务、SQL Server 代理服务、SQL Server Browser 服务。

③ 服务启动模式：自动、手动、已禁用。

④ 身份验证模式：Windows 身份验证模式、混合身份验证模式。

## 2. 关键技能

① 使用 "SQL Server 配置管理器" "SQL Server Management Studio" 等管理工具。

② 设置 SQL Server 相关服务的启动模式。

③ 管理 SQL Server 相关服务，如服务的启动、停止、暂停、继续、重新启动等操作。

④ 启动 SQL Server Management Studio，并连接到服务器。

# 拓 展 训 练

## 1. 知识训练

### （1）填空题

① _____ 是用于管理数据的系统软件，由数据库和一组用于访问及管理这些数据库的程序构成，可以组织和存储数据、获取和维护数据。

② 数据模型有 _____ 、_____ 和 _____ 3 种，微软公司的 SQL Server 产品属于 _____ 模型。

③ _____ 模块是用于存储、处理和保护数据的核心服务模块。

④ SQL Server 服务的启动模式有 _____ 、_____ 和 _____ 3 种。

⑤ _____ 用于配置 SQL Server 服务和网络连接，包括 _____ 、_____ 和 _____ 3 个工具程序。

⑥ _____ 是用于管理 SQL Server 基础结构的集成环境，提供了图形界面，用于配置、监视和管理 SQL Server 实例。

### （2）选择题

① 下列产品中，（　　）不是数据库管理系统。

　　A. MS SQL Server 2016　　　　　　B. Oracle 11g

　　C. Linux　　　　　　　　　　　　D. DB2

② 下列各选项中，（　　）不是数据库系统的体系结构。

　　　A. 集中式　　　　　　　　　　B. 客户机 / 服务器

　　　C. 并行　　　　　　　　　　　D. 对等式

③ 在并行数据库系统体系结构的各种形式中，不包括（　　　）。

    A. 共享内存　　B. 共享处理器　　C. 共享磁盘　　　D. 无共享

④ 在客户机 / 服务器数据库体系结构中，（　　　）不是服务器端的功能。

    A. 生成并打印报表　　　　　　B. 查询计算和优化

    C. 并发控制　　　　　　　　　D. 故障恢复

⑤ 当数据库管理员需要进行自动化备份时，（　　　）必须启动并正常运行。

    A. SQL Server Browser 服务　　　B. SQL Server 代理服务

    C. 分析服务　　　　　　　　　D. 报表服务

⑥ 监控数据库的运行，并改进数据库系统的性能，是（　　　）工作职责。

    A. 最终用户　　　　　　　　　B. 数据库设计人员

    C. 数据库开发人员　　　　　　D. 数据库管理员

2. 技能训练

① 安装 SQL Server 2016。

② 不使用 "SQL Server 2016 配置管理器" 工具来管理 SQL Server 的相关服务。

# 数据库需求分析与设计

　　数据库设计是在给定的应用环境、给定的软件环境和硬件环境下，创建一个具有良好性能的数据库模式，建立一个能有效、安全地存储和管理数据及数据库对象的系统，以满足客户的应用需求。从事数据库设计的人员，不仅要具备数据库相关知识、设计技术，同时还应该具有丰富的实际项目经验。在进行需求分析和设计时，只有灵活应用数据库技术知识和设计技术，深入了解客户的实际业务需求，才能把数据库技术和客户应用需求达到合理的、甚至是完美的结合。在应用软件开发过程中，数据库需求分析和设计，是软件生命周期中的前期阶段，同时也是软件生命周期中的重要阶段，它影响到软件后期各个阶段的质量、成本、进度和风险等方面。因此，在数据库需求分析和设计阶段的成果，须进行评审，评审成果的合理性、有效性、可行性，以及是否与客户的实际需求相符合。设计评审通过以后才能进入项目的下一个阶段。在进行评审时建议分组进行，并采用交叉评审的形式来完成。

### 教学指导

| | |
|---|---|
| 项目分解 | 任务 2-1　数据库需求分析 |
| | 任务 2-2　设计 E-R 模型 |
| | 任务 2-3　构建关系模型 |
| | 任务 2-4　设计规范化 |
| 知识目标 | ① 熟悉数据库需求分析与设计过程 |
| | ② 了解业务流程图、数据流图的内涵 |
| | ③ 理解 E-R 模型的内涵，以及 E-R 图绘制要素 |
| | ④ 理解关系表，以及主键、外键的内涵 |
| | ⑤ 熟悉 SQL Server 数据类型 |
| | ⑥ 了解数据完整性约束的内涵 |
| | ⑦ 掌握 3 个范式的内涵 |
| 技能目标 | ① 能够绘制业务流程图、数据流图 |
| | ② 能够绘制 E-R 图 |
| | ③ 能够实现将 E-R 模型转换为关系模型 |
| | ④ 能够设计数据库表结构，包括主键和外键等约束 |
| | ⑤ 能够对关系模式进行规范化检查 |
| 素养目标 | ① 树立正确的技能观，努力提高职业技能 |
| | ② 培养探索精神、理性精神 |
| | ③ 养成良好的职业习惯 |

◈ 项目提要

经典的软件开发模型把软件生命周期分为软件计划、需求分析、软件设计、程序编码、软件测试和运行维护等阶段。数据库的需求分析和设计是软件开发项目的需求分析和设计的一个重要子集。目前得到公认的数据库设计方法是 1978 年提出的新奥尔良法，它把数据库设计分为用户需求分析、概念结构设计、逻辑结构设计和物理结构设计 4 个步骤。下面分别进行介绍，用户需求分析不再详述。

（1）概念结构设计

概念结构设计是数据库设计的一个关键阶段，简单地说就是将用户需求转换成数据库的概念模式。通过对在需求分析阶段得到的用户应用需求进行综合、归纳、抽象，形成一个独立于具体的数据库管理系统（DBMS）的概念模式。在此阶段，用 E-R 模型来描述数据的抽象结构。

（2）逻辑结构设计

在逻辑结构设计阶段，将高层的概念模型映射到所选用的 DBMS 所能实现的数据模型上。也就是将概念设计阶段设计好的 E-R 模型转换为与要使用的 DBMS 所支持数据模型相符合的数据模型。

（3）物理结构设计

物理结构设计是为逻辑数据模型选定一个合适的物理结构的过程，即设计数据库的存储结构和存取方法，以及其实现细节。

在实际软件工程项目中，需要简洁、合理、切合实际的需求分析，以及合理的过程和步骤，才能设计出更有利于项目实现、合理的数据库模型，这也是后续项目内容高效、高质、高性能、易于实现的保证。

## 任务 2-1 数据库需求分析

数据库需求分析是数据库设计人员在用户参与的条件下，分析数据库应用系统的业务和数据库处理需求，从用户角度来认识系统。需求分析通过调研和用户充分沟通交流，获取用户原始需求后，对这些需求进行分析、提炼，形成满足用户应用业务需求的抽象描述，为数据库设计提供基础和依据。其结果好坏将直接影响数据库设计，乃至后续整个应用开发的工作。

1. 任务描述

"电子商务系统"涉及多种对象之间的业务关系，其中主要是买方（消费者）和卖方（销售商家）的购买关系，需求分析应该从消费者购买商品、商家处理订单并发货两个关键业务角度出发，通过各种需求获取方法（如调研、询问、交流会、跟班作业、记录等），获取"电子商务系统"的用户原始需求，然后对用户原始需求进行分析。分析的主要内容包括用户数据的要求、数据加工处理的要求、数据安全性与完整性要求，同时形成包含业务需求、业务流程、功能结构、数据流图等信息的需求文档。

本任务需要完成如下工作：

① 分析业务流程。

② 分析系统功能结构。

③绘制数据流图。

2. 任务实现

每个商业企业的"电子商务系统"的业务并不完全相同，各自有自己的个性需求，但核心的功能模块基本相同，关键的业务流程基本相同。下面从业务流程、系统功能结构、数据流等方面来实现数据库的需求分析。

（1）业务系统

电子商务的业务系统包括前台业务系统和后台业务系统。前台业务系统主要完成顾客选择商品和购买商品的功能；后台业务系统主要完成客服人员或管理人员对订单和商品的处理功能。二者涉及的业务流程较多。前台业务流程主要为购物流程，客户通过浏览电子商务网站上的商品，选购合适的商品，填写收货信息并选择支付方式，完成订单的生产，如图 2-1 所示。后台业务流程主要为订单处理流程，客服人员查看并选择相应的订单进行处理，并安排商品的配送，完成订单的处理，如图 2-2 所示。

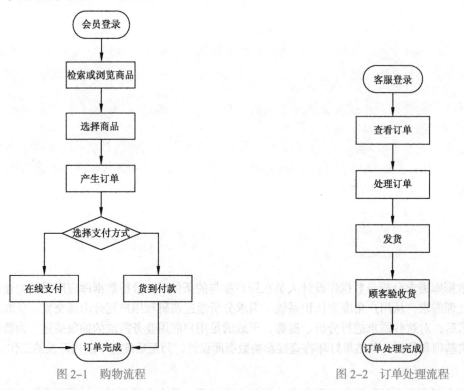

图 2-1　购物流程　　　　　　　　　　　图 2-2　订单处理流程

（2）系统功能结构

系统功能结构是为满足用户应用系统的业务需求而设计的软件功能模块。根据上述对电子商务系统业务流程的分析，结合实际调研的用户需求，"电子商务系统"的主要功能模块包括商品（产品）管理、订单管理、用户管理、统计分析等模块。商品管理模块的功能包括：商品管理、商品类别管理和供应商管理。订单管理模块的功能包括：订单查询和订单处理。用户管理模块的功能包括：会员管理、客服人员管理和管理人员管理。统计分析模块的功能包括：流量统计分析和销售统计分析。其功能结构图如图 2-3 所示。

各模块完成的业务功能如下：

①商品管理模块：主要实现的功能操作包括商品的添加、修改、查询和删除；商品类别的

添加、修改、查询和删除；供应商的添加、修改、查询和删除。

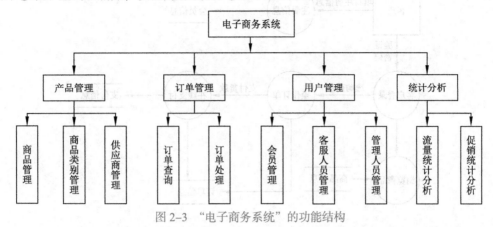

图 2-3　"电子商务系统"的功能结构

② 订单管理模块：主要实现的功能操作包括订单的查询、修改、确认、取消、发货处理等。

③ 用户管理模块：主要实现的功能操作包括会员的添加、修改、查询和删除，以及会员基本信息、积分、等级等资料的维护；客服人员的添加、修改、查询和删除，客服人员的基本信息、权限等资料的维护；管理人员添加、修改、查询和删除，管理人员的基本信息、权限等资料的维护。

④ 统计分析模块：主要实现的功能操作包括网站访问流量的统计分析、商品销售情况的统计分析等，如根据商品、商品类别或供应商的不同，进行销售金额、数量的分类统计分析。

（3）数据流图

数据流分析是对事务处理所需的原始数据进行收集，经过处理后所得到的数据及其流向，一般用数据流图（Data Flow Diagram，DFD）来表示。数据流图是结构化系统分析方法（SA）中常用的工具，它以图形的方式，从数据传递和加工的角度出发，来描绘数据在系统中流动和处理的过程，表达系统的逻辑功能、数据在系统内部的逻辑流向和逻辑变换过程。数据流图的基本图形元素主要有数据流、数据加工（处理）、数据存储，以及数据源（终点，也称外部实体）。

① 数据流：数据在系统内传输的一项或一组数据，即流动中的数据。在绘制数据流图时，数据流用带箭头的线表示，在其线旁标注数据流名（如→）。

② 数据加工：或称数据处理，是对数据进行处理加工的单元，接收输入的数据，然后进行加工处理，并且产生新的数据输出。在绘制数据流图时，数据加工用圆圈表示，在圆圈内写上加工名（如○）。

③ 数据存储：用于存储数据信息，表示数据信息的静态存储，如文件、数据库表、账本等。在绘制数据流图时，用双杠表示（如二）。

④ 数据源（终点）：指数据的源点或终点，表示系统之外的实体，它们与本系统有信息传递关系，如人、物或其他软件系统。在绘制数据流图时，用方框表示（如□）。

根据"电子商务系统"业务流程的需求分析，可以画出前台业务的数据流图（见图2-4），以及后台主要业务的数据流图，如图2-5所示。

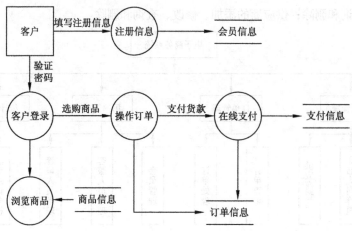

图 2-4  前台业务的数据流图

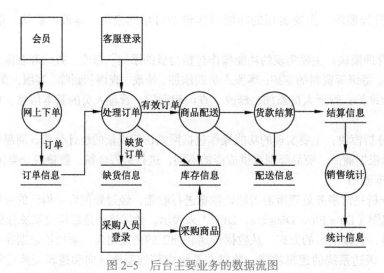

图 2-5  后台主要业务的数据流图

# 任务 2-2  设计 E-R 模型

当数据库的需求分析完成之后，接下来就是数据库设计阶段。简单地讲，数据库设计就是在需求分析的基础上，对数据模式的设计。数据库设计是数据库应用项目建设的一个重要过程，介于数据库需求分析和数据库实施两个阶段之间。规范的数据库设计，有利于整个项目的实现。数据库设计可分为 3 个阶段：概念结构设计、逻辑结构设计和物理结构设计。

概念结构设计是数据库设计的一个重要阶段，就是将需求分析阶段得到的用户需求抽象为信息结构，即概念模型。概念模型有许多，其中最著名、最实用的一种就是 E-R 模型。E-R 模型将现实世界的信息结构统一用属性、实体以及它们之间的联系来描述。

E-R（Entity-Relationship）模型，即实体 - 联系模型。它通过直观的 E-R 图来描述现实世界的概念模型，反映实体与实体之间的联系，提供了以图形方式表示实体、属性、联系的方法。实体（Entity）表示客观世界的一个事物，如一件商品就是一个实体，每一个人就是一个实体。

属性（Attribute）指实体所具有的某一特性。一个实体可以由多个属性来刻画，如姓名、身高、体重就是人这个实体的属性。联系（Relationship）表示实体和实体之间的关联关系，如商品和会员这两个实体的关系可以是购买，即会员购买商品。

在绘制 E-R 图时，实体用矩形表示，矩形框内注明实体的名称。属性用椭圆形表示，椭圆形内注明属性的名称，并将其与相应的实体用直线连接起来，表示这个实体的某个属性，如图 2-6 所示。联系用菱形表示，菱形框内注明联系名称，并用直线和相关联的实体连接起来，同时注明联系的类型（如 1:1、1:$N$、$M$:$N$）。图 2-7 所示为一个简单的 E-R 图。

图 2-6　实体的属性　　　　　　　　　　图 2-7　E-R 图

两个实体之间的联系可以分为 3 种：

（1）一对一联系（1:1）

如果实体集 $A$ 中每一个实体，在实体集 $B$ 中至多有一个实体与之联系，反之亦然，那么就称实体集 $A$ 与实体集具有一对一的联系。例如，"一夫一妻制"国家的丈夫与妻子的联系，就是一对一联系的例子。

（2）一对多联系（1:$N$）

如果实体集 $A$ 中每一个实体，在实体集 $B$ 中有 $N$ 个（$N \geqslant 0$）实体与之联系，反过来，实体集 $B$ 中每一个实体，在实体集 $A$ 中只有一个实体与之联系，那么就称实体集 $A$ 与实体集 $B$ 具有一对多的联系。例如，班级和学生的联系，就是一对多联系。

（3）多对多联系（$M$:$N$）

如果实体集 $A$ 中每一个实体，在实体集 $B$ 中有 $N$ 个（$N \geqslant 0$）实体与之联系，反过来，实体集 $B$ 中每一个实体，在实体集 $A$ 中有 $M$ 个（$M \geqslant 0$）实体与之联系，那么就称实体集 $A$ 与实体集 $B$ 具有多对多的联系。例如，课程和学生的联系，就是多对多联系。

1. 任务描述

完成了"电子商务系统"的需求分析，并且对需求分析阶段的成果进行评审，评审通过后，接下来的任务就是在需求分析的成果基础上，完成"电子商务系统"的概念结构设计，其重要内容就是 E-R 模型设计，即绘制 E-R 图。E-R 图包含 3 个重要的因素：实体（Entity）、实体的属性（Attribute）、实体和实体之间的联系（Relationship）。在绘制 E-R 图之前，必须明确这些要求的具体内涵。

本任务需要完成如下重要工作：

① 确定存储信息。

② 明确实体和实体属性。

③ 明确实体和实体间的联系。

④ 绘制 E-R 图。

2. 任务实现

为了绘制合理的"电子商务系统"的 E-R 图，必须先明确实体、属性和联系等要素的具体内涵，即系统中应该包含哪些实体，这些实体各自应有哪些属性，实体和实体之间应该是什么样的联系。然后，根据这些内涵来绘制 E-R 图，这样才能设计出合理的、符合实际需求的 E-R 模型。因此，可以通过如下 4 个步骤来实现：确定存储信息；明确实体及实体属性；明确实体间的联系；绘制 E-R 图。

（1）确定存储信息

数据库是用于存储数据的，那么"电子商务系统"主要有哪些数据需要存储呢？这必须在充分理解并分析用户的需求、系统的功能的基础上来确定。根据"电子商务系统"的功能结构，对商品管理、订单管理和用户管理等主要模块进行分析，以确定数据库需要存储哪些对象的信息。

① 商品管理：对商品、商品类别、供应商进行管理，即需要对这些对象进行增加、删除、修改和查询等相关的管理和维护。因此，数据库需要存放商品、商品类别、供应商这些对象的相关信息。

② 订单管理：对订单的查询、修改与处理。即需对订单进行查询、修改、取消和发货处理等相关的管理和维护。因此，数据库需要存放订单的相关信息。

③ 用户管理：对会员（客户）、客服、管理人员进行管理。即需要对这些对象进行增加、删除、修改和查询等相关的管理和维护。因此，数据库需要存放会员、员工、管理人员的相关信息。

（2）明确实体及实体属性

确定了数据库需要存放的信息后，接下来就要确定哪些关键实体存储在数据库中，同时需确定每个实体包含的具体属性。

根据上述确定的数据库需存储的信息，"电子商务系统"数据库中需要的实体有：商品、商品类别、供应商、订单、会员、员工和部门。每个实体的属性如下：

商品：<u>编号</u>、名称、库存、供应商、售价、成本价、图片、类别、上架时间。

商品类别：<u>编号</u>、名称、描述。

供应商：<u>编号</u>、名称、联系人、地址、电话。

订单：<u>订单号</u>、会员、商品、数量、金额、日期。

会员：<u>编号</u>、姓名、地址、电话、用户名、密码。

员工：<u>工号</u>、姓名、部门、性别、电话、用户名、密码。

部门：<u>编号</u>、名称、经理、人数。

根据以上分析，可以绘制出"电子商务系统"中实体及其属性的结构图，如图 2-8 所示。

（3）明确实体间的联系

E-R 图中另一个重要的要素就是实体和实体之间的联系（关系），根据上述确定好的实体，结合这些实体之间的业务逻辑关系，可以分析出各实体之间的关系，根据这些关系就可以建立实体之间的连接。实体与实体之间的联系类型有一对一（1:1）、一对多（1:$N$）、多对多（$M$:$N$）3 种类型。"电子商务系统"各实体之间的联系分析如下：

① 商品与商品类别有包含（或从属）关系，即商品属于相应的商品类别。一种商品类别可以有多种商品，商品类别和商品之间是一对多的联系。

② 供应商与商品有供应关系，即供应商提供相应的商品。一家供应商可以供应多种商品，供应商与商品之间是一对多的联系。

③ 商品与订单有生成关系，即选购的商品通过提交购物车而生成相应的订单。一份订单可以包含多种商品，订单与商品之间是一对多的联系。

④ 员工与部门有从属关系，即员工属于相应的部门，一个部门可以有多位员工，部门与员

工之间是一对多的联系。

⑤ 员工与订单有处理关系，即员工处理相应的订单，一个员工可以处理多份订单，员工与订单之间是一对多的联系。

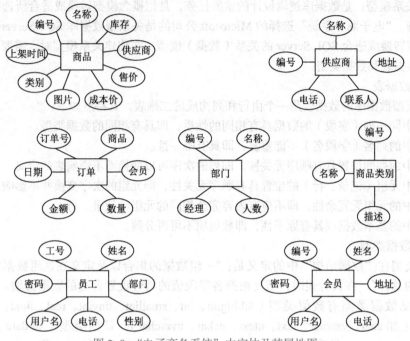

图 2-8　"电子商务系统"中实体及其属性图

（4）绘制 E-R 图

根据以上"电子商务系统"分析所得出的实体、实体属性、实体与实体之间的联系，可以绘制"电子商务系统"的 E-R 图。在绘制 E-R 图时，其 3 个基本要素表示方法如下：

① 实体：用"矩形"表示，矩形框内标明实体的名称。

② 属性：用"椭圆形"表示，并用无方向的连线和相应的实体连接。

③ 联系：用"菱形"表示，菱形框内标明联系的名称，并用无方向的连线与有关的实体连接起来，同时在连线上标明联系的类型（即 1:1 或 1:N 或 M:N）。

在绘制 E-R 图时，如果已经绘制了实体与实体的属性图，为了简化 E-R 图，在实际项目工作中可以省略属性，这样，避免重复，也使 E-R 图更简洁。使用 Microsoft Visio 软件绘制"电子商务系统"E-R 图，如图 2-9 所示。

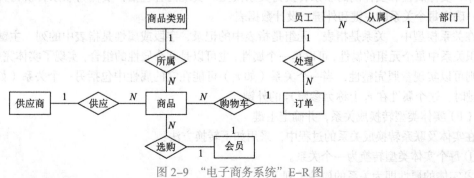

图 2-9　"电子商务系统"E-R 图

任务 2-3　构建关系模型

构建关系模型，是数据库逻辑设计的重要任务，是把概念模型转换成适合所选择的 DBMS 的数据模型。"电子商务系统"选择的 Microsoft 公司的是关系型数据库 SQL Server，因此，需把概念模型转换成适合 SQL Server 的关系（数据）模型。在构建关系模型时，需要了解两个重要概念：数据表和数据类型。

（1）数据表

关系模型数据库的数据表是一个由行和列构成的二维表。其特点如下：

① 表中同一列（字段）的数据具有相同的性质，即具有相同的数据类型。

② 表中的列名（字段名）不能重复，即具有唯一性。

③ 表中的列的位置具有顺序无关性，即列的次序可以变换而不影响表的定义。

④ 表中元组（记录、行）的位置具有顺序无关性，即元组的次序变换并不影响元组本身。

⑤ 表中的元组无冗余性，即不应有内容完全相同的元组（记录、行）。

⑥ 表中的基本数据项具有原子性，即数据项不可再分解。

（2）数据类型

数据类型在"数据结构"中的定义是："一组数据的集合以及定义在这组数据集合上的一系列操作的总称"。在设计表时，需要根据各字段值的特性设置合适的数据类型。SQL Server 支持的常见数据类型有数值类型（如 bigint、int、smallint、tinyint、real、float、decimal）、字符类型（如 char、varchar、text、ntext、nchar、nvarchar）、日期类型（如 date、datetime、smalldatetime、time）、货币类型（money、smallmoney）、位类型（如 bit）等。

### 1. 任务描述

在数据库系统设计中，实现概念模型设计之后，就是实现数据库逻辑设计，其重要任务就是将 E-R 模型转换为关系模型。因此，在完成"电子商务系统"的 E-R 模型设计之后，接下来的任务就是构建"电子商务系统"关系模型。项目的数据库系统平台是采用 Microsoft 公司的 SQL Server 关系型数据库系统（例如 SQL Server 2016），任务的主要目标是根据已完成的 E-R 模型来设计基于 SQL Server 数据平台的电子商务系统所有的数据表以及每个表的结构（包括列、主键、外键）。这些表包括商品表、商品类别表、供应商表、订单表、会员表、员工表和部门表。

### 2. 任务实现

E-R 图由实体、实体属性和实体间的联系 3 个要素组成，将 E-R 图转换为关系模型，就是将实体、实体属性和实体间的联系转换为关系模型。实现内容包括：实体与联系转换为关系及联系；确定每个关系的主键和外键；设计数据表。

在关系模型中，关系是指表，元组是指表中的记录，字段或属性是指表中的列。主键是唯一标识关系中每个元组的属性，可以是一个属性，也可以是几个属性的组合，实现了实体完整性。外键则可以实现参照完整性，当一个关系（如 $r_1$）可能在它的属性中包括另一个关系（如 $r_2$）的主键时，这个属性在 $r_1$ 上称为参照 $r_2$ 的外键。

（1）实体类型转换成关系，并确定主键

在实体及联系转换成关系的过程中，采用如下转换方法：

① 每个实体类型转换为一个关系。

② 实体的属性即为关系的属性（列）。

③ 实体的标识属性即为关系的主键。

依据以上方法，结合图 2-8 中"电子商务系统"的实体和属性，转换成相应的关系，如表 2-1 所示。

表 2-1　关系及主键

| 关　系 | 包含的属性 | 主　键 |
|---|---|---|
| 商品表 | 编号、名称、库存、供应商、售价、成本价、图片、类别、上架时间 | 编号 |
| 商品类别表 | 编号、名称、描述 | 编号 |
| 供应商表 | 编号、名称、联系人、地址、电话 | 编号 |
| 订单表 | 订单号、会员、商品、数量、金额、日期 | 订单号 |
| 会员表 | 编号、姓名、地址、电话、用户名、密码 | 编号 |
| 员工表 | 工号、姓名、部门、性别、电话、用户名、密码 | 工号 |
| 部门表 | 编号、名称、经理、人数 | 编号 |

（2）实体联系转换成关系间的联系，确定外键

外键反映了实体之间的联系，使表与表之间构成了主从表之间的关系，以维护两个表之间的数据一致性，也就是外键约束关系。实体间的联系有一对一（1:1）、一对多（1:N）、多对多（M:N）的关系。相应地，关系之间的联系也有这 3 种联系，这些联系可以通过设置外键来实现。

根据图 2-9"电子商务系统"E-R 图，"电子商务系统"各表之间的外键关系设计如下：

① 商品表与商品类别表之间：通过共同属性"商品类别编号"来实现联系，商品表中"类别"与商品类别表中的"编号"相关联，实现两个关系表的外键联系。

② 商品表与供应商表之间：通过共同属性"供应商编号"来实现联系，商品表中"供应商"与供应商表中的"编号"相关联，实现两个关系表的外键联系。

③ 订单表与商品表之间：通过共同属性"商品编号"来实现联系，订单表中"商品"与商品表中的"编号"相关联，实现两个关系表的外键联系。

④ 订单表与会员表之间：通过共同属性"会员编号"来实现联系，订单表中"会员"与会员表中的"编号"相关联，实现两个关系表的外键联系。

⑤ 员工表与部门表之间：通过共同属性"部门编号"来实现联系，员工表中"部门"与部门表中的"编号"相关联，实现两个关系表的外键联系。

（3）设计数据表

通过前面的分析和设计，已经确定了"电子商务系统"各个实体、实体属性，以及实体间的联系，并且把 E-R 模型转换成了关系模型。接下来就是把关系设计成数据表，在关系型数据库中，一个关系对应一个数据库表，同时，为了数据库在实现和维护过程中更有利于数据的完整性、方便性、合理性，设计数据表时，除主键、外键约束外，根据实际需求，还可考虑其他相关的约束，如是否为空、唯一性、默认值等。

在设计数据表时，应注意如下几点：

① 使用合理的表名和字段名，建议采用英文。

② 针对各字段的数据特征，选择合理的数据类型及长度。

③ 除主键与外键约束设置外，根据需求，合理设置空值约束、唯一性约束和默认值约束。

因此，"电子商务系统"基于 SQL Server 数据库系统平台的数据表设计如表 2-2 ~ 表 2-8 所示。

表 2-2　商品表（表名：product）

| 字 段 名 | 数据类型 | 允许 NULL 值 | 约　束 | 字 段 说 明 |
|---|---|---|---|---|
| ProID | int | 否 | 主键 | 商品编号 |
| ProName | varchar（30） | 否 | | 商品名称 |
| Stock | int | 是 | | 库存量 |
| SupID | int | 是 | 外键 | 供应商编号，supplier（SupID） |
| UnitPrice | smallmoney | 是 | | 售价 |
| Cost | smallmoney | 是 | | 成本价 |
| Picture | varchar（30） | 是 | | 商品图片 |
| CatID | int | 是 | 外键 | 商品类别编号，category（CatID） |
| OnTime | datetime | 是 | 默认系统时间 | 上架时间 |

表 2-3　商品类别表（表名：category）

| 字 段 名 | 数据类型 | 允许 NULL 值 | 约　束 | 字 段 说 明 |
|---|---|---|---|---|
| CatID | int | 否 | 主键 | 商品类别编号 |
| CatName | varchar（30） | 否 | | 商品类别名称 |
| Describe | text | 是 | | 商品类别描述 |

表 2-4　供应商表（表名：supplier）

| 字 段 名 | 数据类型 | 允许 NULL 值 | 约　束 | 字 段 说 明 |
|---|---|---|---|---|
| SupID | int | 否 | 主键 | 供应商编号 |
| SupName | varchar（30） | 否 | | 供应商名称 |
| Contact | varchar（10） | 是 | | 联系人姓名 |
| Address | varchar（30） | 是 | | 地址 |
| Telephone | varchar（15） | 是 | | 电话 |

表 2-5　订单表（表名：orders）

| 字 段 名 | 数据类型 | 允许 NULL 值 | 约　束 | 字 段 说 明 |
|---|---|---|---|---|
| OrdID | int | 否 | 主键 | 订单编号 |
| MemID | int | 是 | 外键 | 会员编号，member（MemID） |
| ProID | int | 是 | 外键 | 商品编号，product（ProID） |
| Qty | int | 是 | | 数量 |
| Total | money | 是 | | 总金额 |
| OrderDate | datetime | 是 | 默认系统时间 | 订货日期 |

表 2-6　会员表（表名：member）

| 字 段 名 | 数据类型 | 允许 NULL 值 | 约　束 | 字 段 说 明 |
|---|---|---|---|---|
| MemID | int | 否 | 主键 | 会员编号 |
| MemName | varchar（30） | 否 | | 会员姓名 |
| Address | varchar（30） | 是 | | 地址 |
| Telephone | varchar（15） | 是 | | 电话 |
| UserName | varchar（30） | 否 | 唯一性 | 会员的用户名 |
| UserPwd | varchar（30） | 否 | | 会员的登录密码 |

表 2-7　员工表（表名：employee）

| 字 段 名 | 数 据 类 型 | 允许 NULL 值 | 约　束 | 字 段 说 明 |
|---|---|---|---|---|
| EmpID | int | 否 | 主键 | 员工编号 |
| EmpName | varchar（30） | 否 | | 员工姓名 |
| DepID | int | 是 | 外键 | 所属部门编号，department（DepID） |
| Sex | varchar（5） | 是 | 检查约束 | 性别 |
| Telephone | varchar（15） | 是 | | 电话 |
| UserName | varchar（30） | 否 | 唯一性 | 员工的用户名 |
| UserPwd | varchar（30） | 否 | | 员工的用户名密码 |

表 2-8　部门表（表名：department）

| 字 段 名 | 数 据 类 型 | 允许 NULL 值 | 约　束 | 字 段 说 明 |
|---|---|---|---|---|
| DepID | int | 否 | 主键 | 部门编号 |
| DepName | varchar（30） | 否 | | 部门名称 |
| Manager | int | 是 | 外键 | 部门经理工号，employee（EmpID） |
| PeoTotal | int | 是 | | 部门总人数 |

# 任务 2-4　设计规范化

不规范的数据库设计，可能引起大量的数据操作异常，给数据维护和编程人员带来巨大的麻烦，也可能因较大的数据冗余而浪费存储空间，同时大大降低系统的性能。而简洁、结构清晰、合理的、规范的数据库设计，将大大降低或避免这些负面的影响。检查数据库设计是否规范，其主要内容涉及规范化检查、范式检查和完整性约束检查。

（1）范式

为了建立结构清晰合理、较少冗余的数据库，在数据库设计时必须遵循一定的规则，在关系数据库中，这种规则就是范式。目前关系数据库有 6 种范式：第一范式（1NF）、第二范式（2NF）、第三范式（3NF）、Boyce-Codd 范式（BCNF）、第四范式（4NF）和第五范式（5NF）。关系数据库中的关系必须满足一定的要求，根据不同程度的要求满足不同的范式。满足最低要求的范式是第一范式（1NF），在第一范式的基础上进一步满足更多要求的范式称为第二范式（2NF），其余范式依此类推。一般来说，数据库只需满足第三范式（3NF）即可。下面将介绍第一范式（1NF）、第二范式（2NF）和第三范式（3NF）。

① 第一范式（1NF）。第一范式（1NF）是最基本的范式，也是关系模式需满足的基本要求。第一范式对数据库表的要求是：表中所有字段的值都是不可分割的基本数据项，即具有原子性；没有重复的字段（属性）；一条记录的某个属性不能有多个值；每一行只包含一个实体的信息。

② 第二范式（2NF）。第二范式是在第一范式的基础上建立起来的，即满足第二范式必须先满足第一范式。如果一个数据表已经满足第一范式，而且每一个非主属性（除主键以外的其他列）都完全依赖于主属性（主码或主键），则该表满足第二范式。实际上，第二范式要求每个表只描述一类实体信息，而不是多种实体信息。例如，在电子商务系统中，把商品信息和订单信息放在同一表，就不符合第二范式，如图 2-10 所示。因为存在"商品名称""价格"依赖于"商品编号"，而"订购日期"依赖于"订单编号"，这就是明显的部分依赖关系，而不是完全依赖关系。那么，如何设计才符合第二范式呢？应该设计两个表，把商品信息放在一个

表中，而订单信息放在另一个表中。

图 2-10　第二范式示例

③ 第三范式（3NF）。满足第三范式（3NF）必须先满足第二范式，而且任何两个非主属性之间不存在函数依赖关系或传递关系。简单地说，第三范式（3NF）要求一个数据库表中不包含已在其他表中已包含的非主关键字信息。例如，员工表（员工编号、姓名、性别、部门编号、部门经理），这样的员工表就不符合第三范式，因为在员工表中非主属性存在传递关系，即员工编号→部门编号→部门经理。如果原来没有设计部门表，则根据第三范式的要求也应该设计它，否则就会有大量的数据冗余。

（2）完整性约束

完整性约束是为保证数据库中数据的正确性、一致性和相容性，对关系模型提出的某种约束条件或规则。通常包括实体完整性、参照完整性、用户自定义完整性 3 种完整性，其中用户自定义完整性包括域的完整性和其他完整性。

① 实体完整性。实体完整性也称行的完整性，用来唯一标识表中每一个实体，通过主键来实现，设置为主键的列（属性）不能取空值，也不能有相同的值。例如，把员工表中的工号设置为主键，在输入记录时，工号这个属性对应的值不能为空值，也不能有工号相同的多条记录。这样就能唯一标识所有员工。

② 参照完整性。参照完整性也称引用完整性，实现两个表之间数据引用的一致性，通过设置外键来实现。参照表中外键的取值要么是空值（如果允许为空值），要么是被参照表中的主键值，但不能为其他值（无效值）。例如，"电子商务系统"中部门表与员工表，部门表中设置"部门编号"为主键，员工表中设置"部门编号"为外键，那么，在员工表中输入数据时，"部门编号"的值，要么是空值（如果允许为空值），要么是部门表中"部门编号"存在的值。

③ 用户自定义完整性。用户自定义完整性则是根据应用环境的要求和实际的业务需要，对某一具体应用所涉及的数据提出约束性条件。主要包括域的完整性（如 CHECK 约束）和其他完整性（如触发器）。

域的完整性也称列的完整性，保证数据表中列（字段）取值的合理性。例如，员工表中"性别"这一列的取值只能是"男"或"女"，不能是其他值。

1. 任务描述

完成了"电子商务系统"的关系模式设计，设计了系统符合 SQL Server 的数据表，接下来的任务是对设计的数据表进行规范化检查，这是一项重要的评审工作。设计规范性检查工作内容比较多，本任务要求完成命名规范检查、范式检查、数据类型检查、主键与外键检查等工作任务。

2. 任务实现

对数据表设计成果进行规范化检查是一项重要的评审工作，在进行评审时建议进行交叉评审。这一组的设计成果由另一组来评审，在评审前老师对评审内容及涉及的知识进行介绍，各组评审结束后，由老师进行综合总结，并指导各组根据评审结果对设计成果进行修改。

（1）命名规范检查

命名规范，就是需要共同遵循的、通用的命名规则。命名规则有多种，但在同一数据库系统中，应使用统一的、规范的一种命名规则，不要在一个数据库系统中采用多种命名规则。遵守规范的命名规则有助于提高系统设计和开发的效率，并且有利于提高开发的应用程序的可读性和可维护性。根据前面的设计内容，目前主要检查基于 SQL Server 的"电子商务系统"的表和字段的命名规范。

① 数据表名规范化检查。在项目中，常用的数据表命名规则如下：

• 不使用关键字和保留字（如 create、table）。

• 禁止使用带空格的名称（如 product orders）。

• 名称长度 SQL Server 支持 1 ~ 128 个字符，但建议不要太长。

• 使用能体现表中内容的名称（如表存放的是商品信息，可用 product）。

• 名称使用相应的英文（如订单表，可用 orders），虽然可以采用中文，但为了后续维护和开发方便，建议不要采用中文名称。

• 名称的字符可以使用英文字母、数字、下画线的组合，但不能使用其他特殊符号（如"?"），也不要采用全数字（如"123"），名称的开头字符建议采用英文字母。

根据以上常用的数据表命名规则，对"电子商务系统"的数据表的命名检查情况如表 2-9 所示。

表 2-9　"电子商务系统"数据表命名规范检查

| 表中包含的信息 | 表　　名 | 是否符合规范 | 规　则　说　明 |
| --- | --- | --- | --- |
| 商品 | product | 是 | 英文名称 |
| 商品类别 | category | 是 | 英文名称 |
| 供应商 | supplier | 是 | 英文名称 |
| 订单 | orders | 是 | 英文名称 |
| 会员 | member | 是 | 英文名称 |
| 员工 | employee | 是 | 英文名称 |
| 部门 | department | 是 | 英文名称 |

② 字段名的规范化检查。在项目中，数据表中各字段常用的命名规则如下：

• 不使用关键字和保留字（如 update、select）。

• 禁止使用带空格的名称（如 product name），对于需用多个单词表达意义的字段名，可以使用单词组合，但中间不带空格（如 OderDate 可以表示订单日期的字段）。

• 名称长度 SQL Server 支持 1 ~ 128 个字符，但建议不要太长，如果名称太长，可以采用缩写。缩写一般取前 3 个字符，也有取前 4 个字符的（如"商品编号"可以缩写为 ProName）。

• 使用能体现字段所表达的属性的名称（如姓名，可用 name）。

• 名称采用相应的英文或拼音（如地址，可用 address），虽然可以采用中文，但为了后续维护和开发方便，建议不要采用中文名称。

• 名称的字符可以使用英文字母、数字、下画线的组合，但不能使用其他特殊符号（如"?"），也不要采用全数字（如"123"），名称的开头字符建议采用英文字母。

• 字段名前不要加表名等作为前缀，字段名后不加任何类型标识作为后缀。

根据以上常用的字段命名规则，对"电子商务系统"中各数据表中字段的命名检查情况如

表 2–10 ~ 表 2–16 所示。

表 2-10 商品表的字段命名规范检查

| 字 段 含 义 | 字 段 名 | 是否符合规范 | 规 则 说 明 |
| --- | --- | --- | --- |
| 商品编号 | ProID | 是 | 英文名称组合、缩写 |
| 商品名称 | ProName | 是 | 英文名称组合、缩写 |
| 库存量 | Stock | 是 | 英文名称 |
| 供应商编号 | SupID | 是 | 英文名称组合、缩写 |
| 出售单价 | UnitPrice | 是 | 英文名称组合、缩写 |
| 成本价 | Cost | 是 | 英文名称 |
| 商品图片 | Picture | 是 | 英文名称 |
| 商品类别编号 | CatID | 是 | 英文名称组合、缩写 |
| 上架时间 | OnTime | 是 | 英文名称组合 |

表 2-11 商品类别表的字段命名规范检查

| 字 段 含 义 | 字 段 名 | 是否符合规范 | 规 则 说 明 |
| --- | --- | --- | --- |
| 商品类别编号 | CatID | 是 | 英文名称组合、缩写 |
| 商品类别名称 | CatName | 是 | 英文名称组合、缩写 |
| 描述 | Describe | 是 | 英文名称 |

表 2-12 供应商表的字段命名规范检查

| 字 段 含 义 | 字 段 名 | 是否符合规范 | 规 则 说 明 |
| --- | --- | --- | --- |
| 供应商编号 | SupID | 是 | 英文名称组合、缩写 |
| 供应商名称 | SupName | 是 | 英文名称组合、缩写 |
| 联系人 | Contact | 是 | 英文名称 |
| 地址 | Address | 是 | 英文名称 |
| 电话 | Telephone | 是 | 英文名称 |

表 2-13 订单表的字段命名规范检查

| 字 段 含 义 | 字 段 名 | 是否符合规范 | 规 则 说 明 |
| --- | --- | --- | --- |
| 订单编号 | OrdID | 是 | 英文名称组合、缩写 |
| 会员编号 | MemID | 是 | 英文名称组合、缩写 |
| 商品编号 | ProID | 是 | 英文名称组合、缩写 |
| 数量 | Qty | 是 | 英文名称缩写 |
| 总金额 | Total | 是 | 英文名称 |
| 订货日期 | OrderDate | 是 | 英文名称组合 |

表 2-14 会员表的字段命名规范检查

| 字 段 含 义 | 字 段 名 | 是否符合规范 | 规 则 说 明 |
| --- | --- | --- | --- |
| 会员编号 | MemID | 是 | 英文名称组合、缩写 |
| 会员姓名 | MemName | 是 | 英文名称组合、缩写 |
| 地址 | Address | 是 | 英文名称 |
| 电话 | Telephone | 是 | 英文名称 |
| 会员的用户名 | UserName | 是 | 英文名称组合 |
| 会员的用户名密码 | UserPwd | 是 | 英文名称组合、缩写 |

表 2-15　员工表的字段命名规范检查

| 字 段 含 义 | 字 段 名 | 是否符合规范 | 规 则 说 明 |
|---|---|---|---|
| 员工编号 | EmpID | 是 | 英文名称组合、缩写 |
| 员工姓名 | EmpName | 是 | 英文名称组合、缩写 |
| 所属部门编号 | DepID | 是 | 英文名称组合、缩写 |
| 性别 | Sex | 是 | 英文名称 |
| 电话 | Telephone | 是 | 英文名称 |
| 员工的用户名 | UserName | 是 | 英文名称组合 |
| 员工的用户名密码 | UserPwd | 是 | 英文名称组合、缩写 |

表 2-16　部门表的字段命名规范检查

| 字 段 含 义 | 字 段 名 | 是否符合规范 | 规 则 说 明 |
|---|---|---|---|
| 部门编号 | DepID | 是 | 英文名称组合、缩写 |
| 部门名称 | DepName | 是 | 英文名称组合、缩写 |
| 经理 | Manager | 是 | 英文名称 |
| 总人数 | PeoTotal | 是 | 英文名称组合 |

（2）范式检查

在定义关系模型的同时，也定义了规范化规则（范式），规范化是一种形式化的数学处理过程。在规范化的数据库系统中，应避免对数据的异常修改，在保证数据完整性的前提下，将数据冗余降低到最小。下面将对"电子商务系统"各个数据表进行第一范式（1NF）、第二范式（2NF）和第三范式（3NF）的检查。

第一范式检查：根据表 2-2 ~ 表 2-8 的设计可知，每个表设有主键，这样可确保表中的每一行是唯一的，不存在重复的行。同时，可以分析每个表的字段表示的信息是原子性的，不能再进行细分，因此都符合第一范式。

第二范式检查：首先，根据上一步检查，所有的表都符合第一范式。下面检查每个表的非主属性是否完全依赖主属性（主键）。根据表 2-2，product 表：主属性为 ProID，可以分析出非主属性 ProName、Stock、UnitPrice、Cost、Picture 和 OnTime 的数据都完全依赖于主属性 ProID。根据表 2-3，category 表：主属性为 CatID，可以分析出非主属性 CatName 和 Desc 的数据都完全依赖于主属性 CatID。根据表 2-4，supplier 表：主属性为 SupID，可以分析出非主属性 SupName、Contact、Address 和 Telephone 的数据都完全依赖于主属性 SupID。根据表 2-5，orders 表：主属性为 OrdID，可以分析出非主属性 Qty、Total 和 OrderDate 的数据都完全依赖于主属性 OrdID。根据表 2-6，member 表：主属性为 MemID，可以分析出非主属性有 MemName、Address、Telephone、UserName 和 UserPwd 的数据都完全依赖于主属性 MemID。根据表 2-7，employee 表：主属性为 EmpID，可以分析出非主属性 EmpName、Sex、Telephone、UserName 和 UserPwd 的数据都完全依赖于主属性 EmpID。根据表 2-8，department 表：主属性为 DepID，可以分析出非主属性 DepName、Manager 和 PeoTotal 的数据都完全依赖于主属性 DepID，因此都符合第二范式。

第三范式检查：首先，根据上一步检查，所有的表都符合第二范式。根据表 2-2 ~ 表 2-8 的设计可知，每个表的非主属性之间相互独立，并不存在依赖关系或传递关系，因此都符合第三范式。

综合以上对各个表进行 3 个范式的检查，其检查结果如表 2-17 所示。

表 2-17　"电子商务系统"数据表范式检查

| 表　名 | 是否符合 1NF | 是否符合 2NF | 是否符合 3NF | 说　明 |
|---|---|---|---|---|
| product | 是 | 是 | 是 | 无 |
| category | 是 | 是 | 是 | 无 |
| supplier | 是 | 是 | 是 | 无 |
| orders | 是 | 是 | 是 | 无 |
| member | 是 | 是 | 是 | 无 |
| employee | 是 | 是 | 是 | 无 |
| department | 是 | 是 | 是 | 无 |

（3）数据类型检查

在设计数据表时，除了定义各字段名外，还需定义每个字段合理的数据类型及长度。检查"电子商务系统"各个数据表中各字段的数据类型，主要检查数据类型是否合理，如某字段是字符型还是数值型，长度是否合理。SQL Server 支持的常用数据类型主要包括数值型、字符型、日期型和位类型，具体如表 2-18 所示。

表 2-18　SQL Server 常用数据类型

| 数 据 类 型 | 类 型 名 称 | 类 型 描 述 | 存　储 |
|---|---|---|---|
| 数值类型 | bigint | $-2^{63}(-9\ 223\ 372\ 036\ 854\ 775\ 808)$ ～ $2^{63}-1$ ($9\ 223\ 372\ 036\ 854\ 775$ $807$) 之间的整数 | 8 字节 |
| | int | $-2^{31}$ ($-2\ 147\ 483\ 648$) ～ $2^{31}-1$($2\ 147\ 483\ 647$) 之间的整数 | 4 字节 |
| | smallint | $-2^{15}$ ($-32\ 768$) ～ $2^{15}-1$ ($32\ 767$) 之间的整数 | 2 字节 |
| | tinyint | 0 ～ 255 之间的整数 | 1 字节 |
| | numeric(p,s) | $-10^{38}+1$ ～ $10^{38}-1$ 之间的实数，存储长度随精度变化而变化 | 不确定 |
| | decimal(p,s) | 等价于 numeric(p,s) | 不确定 |
| | float(n) | 浮点数，$-1.79E+308$ ～ $-2.23E-308$、0 以及 $2.23E-308$ ～ $1.79E+308$，存储长度取决于 $n$ | 4 或 8 字节 |
| | real | 浮点数，$-3.40E+38$ ～ $-1.18E-38$、0 以及 $1.18E-38$ ～ $3.40E+38$ | 4 字节 |
| 货币类型 | money | $-922\ 337\ 203\ 685\ 477.580\ 8$ ～ $922\ 337\ 203\ 685\ 477.580\ 7$ 之间的实数，精确到万分之一 | 8 字节 |
| | smallmoney | $-214\ 748.364\ 8$ ～ $214\ 748.364\ 7$ 之间的实数，精确到万分之一 | 4 字节 |
| 字符类型 | char(n) | 固定长度，非 Unicode 字符串数据。$n$ 用于定义字符串长度，并且它必须为 1 ～ 8 000 之间的值 | $n$ 字节 |
| | varchar(n\|max) | 可变长度，非 Unicode 字符串数据。$n$ 用于定义字符串长度，并且它可以为 1 ～ 8 000 之间的值。max 指示最大存储大小是 $2^{31}-1$ 个字节（2 GB） | $n+2$ 字节 |
| | text | 长度可变的非 Unicode 数据，字符串最大长度为 $2^{31}-1$ ($2\ 147\ 483\ 647$) | 每字符 1 字节 |
| 字符类型 | nchar(n) | 固定长度的 Unicode 字符串数据。$n$ 用于定义字符串长度，并且它必须为 1 ～ 4 000 之间的值 | $2n$ 字节 |
| | nvarchar(n\|max) | 可变长度的 Unicode 字符串数据。$n$ 用于定义字符串长度，并且它可以为 1 ～ 4 000 之间的值。max 指示最大存储大小是 $2^{31}-1$ 个字节（2 GB） | $2n+2$ 字节 |
| | ntext | 长度可变的 Unicode 数据，字符串最大长度为 $2^{30}-1$ ($1\ 073\ 741\ 823$) | 每字符 2 字节 |

| 数据类型 | 类型名称 | 类型描述 | 存储 |
|---|---|---|---|
| 日期类型 | date | 公元元年 1 月 1 日到公元 9999 年 12 月 31 日，精度度为 1 天 | 3 字节 |
| | time | 00:00:00.0000000—23:59:59.9999999 | 5 字节 |
| | datetime | 1753 年 1 月 1 日—9999 年 12 月 31 日，精度度舍入到 .000、.003 或 .007 秒 3 个增量 | 8 字节 |
| | smalldatetime | 1900 年 1 月 1 日到 2079 年 6 月 6 日，精度度为一分钟 | 4 字节 |
| 位类型 | bit | 取值为 1、0 或 NULL。如果表中的列为 8 bit 或更少，则这些列作为 1 个字节存储。如果列为 9 ~ 16 bit，则这些列作为 2 个字节存储，依此类推 | 不确定 |

根据以上常用的数据类型，检查"电子商务系统"各个数据表中各字段数据类型及长度是否合理，如果不合理，则需要进行修改。检查结果如表 2–19 所示。

表 2-19 "电子商务系统"各数据表的数据类型检查

| 表 名 | 需要修改的字段 | 原数据类型 | 修改后的数据类型 | 修 改 说 明 |
|---|---|---|---|---|
| product | 无 | 无 | 无 | 无 |
| category | 无 | 无 | 无 | 无 |
| supplier | 无 | 无 | 无 | 无 |
| orders | 无 | 无 | 无 | 无 |
| member | 无 | 无 | 无 | 无 |
| employee | 无 | 无 | 无 | 无 |
| department | 无 | 无 | 无 | 无 |

（4）主键与外键检查

主键实现了实体完整性约束，唯一标识表中的每一个实体。设置主键的属性，其属性值不能为 NULL 值，同时具有唯一性，即不能有相同的主键属性值。一个表只能设置一个主键。根据以上要求，检查"电子商务系统"各个数据表中是否设置了主键，是否设置合理（即能否唯一标识每个实体，实现实体完整性）。检查结果如表 2–20 所示。

表 2-20 "电子商务系统"各数据表的主键检查

| 表 名 | 主 键 字 段 | 字段含义 | 允许 NULL 值 | 具有唯一标识性 | 设置合理性 |
|---|---|---|---|---|---|
| product | ProID | 商品编号 | 否 | 是 | 是 |
| category | CatID | 类别编号 | 否 | 是 | 是 |
| supplier | SupID | 供应商编号 | 否 | 是 | 是 |
| orders | OrdID | 订单编号 | 否 | 是 | 是 |
| member | MemID | 会员编号 | 否 | 是 | 是 |
| employee | EmpID | 员工编号 | 否 | 是 | 是 |
| department | DepID | 部门编号 | 否 | 是 | 是 |

外键实现了数据表之间的联系，实现了数据表的参照完整性，是维护数据表之间数据一致的重要方法。一个表可以有多个外键。例如，引用 B 表中的主键列（属性）作为 A 表中一个字段，则在 A 表中此列为它的外键，这样实现了 A 和 B 的外键约束关系，在 A 表中此列的值必须引用 B 表中此列对应的有效值或 NULL 值（前提 A 表此列允许为 NULL 值）。根据以上描述，检查"电子商务系统"各个数据表之间外键是否设置合理。检查结果如表 2–21 所示。

表 2-21 "电子商务系统"数据表间的外键检查

| 外键基表 | 外键列 | 主键基表 | 主键列 | 字段含义 | 设置合理性 |
|---|---|---|---|---|---|
| product | SupID | supplier | SupID | 供应商编号 | 是 |
|  | CatID | category | CatID | 商品类别编号 | 是 |
| orders | MemID | member | MemID | 会员编号 | 是 |
|  | ProID | product | ProID | 商品编号 | 是 |
| employee | DepID | department | DepID | 部门编号 | 是 |
| department | Manager | employee | EmpID | 部门经理员工号 | 是 |

# 项 目 总 结

本项目实现了"电子商务系统"数据库的需求分析与设计过程。包括需求分析、设计 E-R 模型、构建关系模型、设计规范化等重要内容。涉及的关键知识和关键技能如下：

## 1. 关键知识

① 基本概念：数据流图、E-R 图、数据表、数据类型、主键、外键。

② 设计知识：概念结构设计、逻辑结构设计、E-R 模型、完整性约束。

③ 设计规范化：第一范式（1NF）、第二范式（2NF）、第三范式（3NF）。

## 2. 关键技能

① 采用 Microsoft Visio 绘制业务流程图、数据流图、E-R 图。

② 设计数据库应用系统的数据表。

③ 对关系模式进行规范化检查，包括命名规范检查、范式检查、数据类型检查、主键与外键检查等。

# 拓 展 训 练

## 1. 知识训练

（1）填空题

① 经典的软件开发模型把软件生命周期分为软件计划、_____、_____、程序编码、软件测试和运行维护等阶段。

② 数据流图的基本图形元素主要有数据流、_____、数据存储和_____。

③ 在 E-R 模型中，实体之间的联系类型有_____、_____和_____。

④ 数据库设计是数据库应用项目建设的一个重要过程，其步骤有_____、_____和物理结构设计。

⑤ SQL Server 系统支持的日期型数据类型包括 datetime、_____、_____和 time。

⑥ 在数据库设计中，需要遵守的范式有 6 种，其中最基本的有_____、_____、第三范式和 Boyce-Codd 范式（BCNF）。

（2）选择题

① 绘制数据流图的基本要素中，（　　）表示系统之外的实体，它们与本系统有信息传递

关系，如人、物或其他软件系统。在绘制数据流图时，用方框表示。

  A. 数据流  B. 数据加工  C. 数据源  D. 数据存储

② 下列选项中，(  )不是绘制 E-R 图的主要要素。

  A. 实体  B. 数据流  C. 属性  D. 联系

③ 在数据库完整性约束中，(  )要求表中的实体是唯一的，可以通过设置主键来实现。

  A. 实体完整性      B. 参照完整性

  C. 用户自定义完整性    D. 列的完整性

④ SQL Server 支持的数据类型中，下列(  )不是整数类型。

  A. int  B. smallint  C. bigint  D. real

⑤ 在定义数据库表名时，下列(  )符合数据表的命名规范。

  A. teacher  B. teacher table  C. 123?  D. table

⑥ 关于主键和外键的描述，(  )是错误的。

  A. 主键可以实现实体完整性

  B. 一个表只有一个主键，且主键只能是一个属性

  C. 一个表可以有多个外键

  D. 外键可以实现参照完整性

2. 技能训练

① 根据前面"电子商务系统"的需求分析和设计内容，利用 Microsoft Visio 绘制业务流程图、数据流图、E-R 图。

② 用 Microsoft Visio 的数据库建模工具，绘制"电子商务系统"的数据表逻辑结构图和表间关系图。

③ 以分组的形式，参考自己学校的教学管理的实际情况，完成"教学管理系统"的数据库需求分析和设计。

# 创建与管理数据库

数据库是数据库管理系统的核心，是用来组织、存储和管理数据的"仓库"，要想把应用系统的数据存储到数据库中，首先应该创建数据库，然后根据实际应用需求对数据库进行管理。在一个 SQL Server 数据库服务器实例中最多可以创建 32 767 个数据库。

## 教学指导

| 项目分解 | 任务 3-1 创建数据库 |
| --- | --- |
| | 任务 3-2 查看和修改数据库属性 |
| | 任务 3-3 导入与导出数据库 |
| | 任务 3-4 脱机与联机数据库 |
| | 任务 3-5 分离与附加数据库 |
| | 任务 3-6 扩充与收缩数据库 |
| | 任务 3-7 复制和删除数据库 |
| 知识目标 | ① 理解 SQL Server 所包含的系统数据库及各系统数据库的作用 |
| | ② 理解 SQL Server 数据库所包含的数据库文件及各文件的作用 |
| | ③ 理解 DDL、DML、DCL 三种 SQL 语言 |
| | ④ 掌握创建数据库的 SQL 语法格式 |
| | ⑤ 掌握脱机与联机、分离与附加、修改、收缩及删除数据库等管理操作的 SQL 语法格式 |
| 技能目标 | ① 能够创建数据库 |
| | ② 能够查看和修改数据库属性 |
| | ③ 能够导入和导出数据库 |
| | ④ 能够脱机和联机数据库 |
| | ⑤ 能够分离和附加数据库 |
| | ⑥ 能够扩充和收缩数据库 |
| | ⑦ 能够复制和删除数据库 |
| 素养目标 | ① 树立正确的职业观，为社会和人民造福 |
| | ② 培养计算机领域工匠精神 |
| | ③ 学会社会责任担当 |

## 项目提要

在 SQL Server 数据库系统中数据库可分为系统数据库和用户数据库。系统数据库是 SQL Server 在安装时就已经创建的，并具有特定管理功能的数据库。用户数据库是在系统安装完成后，为特定应用系统而创建的数据库，存储的是用户的应用数据。（提醒：不要把用户数据存储到系统数据库中）在 SQL Server 中，默认的系统数据库有 master、model、msdb、tempdb、Resource。

（1）master 数据库

master 数据库存储了 SQL Server 系统的所有系统级信息，包括实例范围的元数据（例如登录账户）、端点、连接服务器和系统配置设置。在 SQL Server 中，系统对象不再存储在 master 数据库中，而是存储在 Resource 数据库中。此外，master 数据库还记录了系统中有哪些数据库、数据库文件的位置以及 SQL Server 的初始化信息。因此，如果 master 数据库不可用，则 SQL Server 无法启动。

提醒：使用 master 数据库时，请考虑下列建议。

① 始终有一个 master 数据库的当前备份可用。

② 执行下列操作后，尽快备份 master 数据库：

• 创建、修改或删除任意数据库。

• 更改服务器或数据库的配置值。

• 修改或添加登录账户。

③ 不要在 master 中创建用户对象。否则，必须更频繁地备份 master。

④ 不要针对 master 数据库将 TRUSTWORTHY 选项设置为 ON。

（2）model 数据库

model 数据库包含在 SQL Server 实例上创建的所有数据库的模板。因为每次启动 SQL Server 时都会创建 model，所以 model 数据库必须始终存在于 SQL Server 系统中。model 数据库的全部内容（包括数据库选项）都会被复制到新的数据库。启动期间，也可使用 model 数据库的某些设置创建新的数据库，因此 model 数据库必须始终存在于 SQL Server 系统中。（提醒：如果用特定用户的模板信息修改 model 数据库，建议备份 model）

（3）msdb 数据库

SQL Server 代理使用 msdb 数据库来计划警报和作业，SQL Server Management Studio、Service Broker 和数据库邮件等其他功能也使用该数据库。例如，SQL Server 在 msdb 中的表中自动保留一份完整的联机备份与还原历史记录。这些信息包括执行备份一方的名称、备份时间和用来存储备份的设备或文件。SQL Server Management Studio 利用这些信息来提出计划，以还原数据库和应用任何事务日志备份。（提醒：在进行任何更新 msdb 的操作后，例如备份或还原任何数据库后，建议备份 msdb）

（4）tempdb 数据库

tempdb 系统数据库是一个全局资源，可供连接到 SQL Server 实例的所有用户使用。tempdb 中的操作是最小日志记录操作，这将使事务产生回滚。每次启动 SQL Server 时都会重新创建 tempdb，从而在系统启动时总是保持一个干净的数据库副本。在断开连接时会自动删除临时表和存储过程，并且在系统关闭后没有活动连接。因此，tempdb 中不会有什么内容从一个 SQL Server 会话保存到另一个会话。

tempdb 数据库可用于保存如下各项内容：

• 显式创建的临时用户对象，例如全局或局部临时表、临时存储过程、表变量或游标。

• SQL Server 数据库引擎创建的内部对象，例如，用于存储假脱机或排序的中间结果的工作表。

• 由使用已提交读（使用行版本控制隔离或快照隔离事务）的数据库中数据修改事务生成的行版本。

- 由数据修改事务为实现联机索引操作、多个活动的结果集（MARS）以及 AFTER 触发器等功能而生成的行版本。

**提醒：**不允许对 tempdb 进行备份和还原操作，tempdb 的大小可以影响系统性能。例如，如果 tempdb 的太小，则每次启动 SQL Server 时，系统处理可能忙于数据库的自动增长，而不能支持工作负荷要求。可以通过增加 tempdb 的大小来避免此开销。

（5）Resource 数据库

Resource 数据库为只读数据库，它包含了 SQL Server 中的所有系统对象。SQL Server 系统对象（如 sys.objects）在物理上保留在 Resource 数据库中，但在逻辑上显示在每个数据库的 sys 架构中。Resource 数据库不包含用户数据或用户元数据。

在管理数据库、数据库对象和操作数据时，除了使用 SQL Server 数据库管理工具外，还可以使用 SQL 来实现。

SQL 即结构化查询语言（Structured Query Language），它是为查询和管理关系型数据库管理系统中的数据而专门设计的一种标准语言。SQL 最早版本是由 IBM 公司开发的，当初叫 SEQUEL，发展到现在，其名称已变为 SQL。ANSI 组织和 ISO 组织每隔一段时间会进行修订，并发布相应的 SQL 标准：SQL-86、SQL-89、SQL-92（SQL2）、SQL:1999（SQL3）、SQL:2003、SQL:2006、SQL:2008、SQL:2011、SQL:2016。

SQL 根据功能作用不同，可划分不同类型的语言，主要包括如下 5 种：

（1）数据定义语言（Data Definition Language，DDL）

DDL 用于处理数据库对象和对象的属性，这种对象包括数据库本身，以及其他数据库对象，如表、视图、存储过程索引等，包括的语句（命令）有 CREATE、ALTER 和 DROP。CREATE 语句用于创建数据库及其他数据库对象；ALTER 语句用于修改数据库及其他数据库对象的属性；DROP 语句用于删除数据库及其他数据库对象。

（2）数据操纵语言（Data Manipulation Language，DML）

DML 用于操纵数据，如对数据的查询、添加、修改和删除，包括的语句有 SELECT、INSERT、UPDATE 和 DELETE。INSERT 语句用于向表中添加元组（记录）；UPDATE 语句用于删除表中的数据库；DELETE 语句用于删除表中的元组（记录）。

（3）数据查询语言（Data Query Language，DQL）

DQL 用于查询数据，其语句为 SELECT，用于根据需求查询符合条件的元组（记录）。

（4）数据控制语言（Data Control Language，DCL）

DCL 用于处理权限管理，以提高数据的安全性，包括的语句有 GRANT、DENY 和 REVOKE。GRANT 用于授予用户对数据对象的指定权限；DENY 用于拒绝用户对数据对象的指定权限；REVOKE 用于撤销用户对数据对象的指定权限。

（5）事务控制语言（Transaction Control Language，TCL）

TCL 用于对事务的控制，以确保事务的 ACID 特性，其语句包括 COMMIT、ROLLBACK 和 SAVEPOINT 等。

根据项目需求，完成"电子商务系统"的数据库创建和管理工作。实现创建数据库和管理数据库，可以通过两种方法完成：一种是通过 SSMS 工具，以直观、方便的图形化界面完成；另一种是通过编写并执行 Transact-SQL（简称 T-SQL，为方便学习，在本书后续内容中，也称为 SQL）语句来完成。

# 任务 3-1　创建数据库

每个 SQL Server 数据库至少具有两个操作系统文件（数据库文件）：一个数据文件和一个事务日志文件。数据文件包含数据和对象，例如表、索引、存储过程和视图。数据文件可分为主要数据文件和次要数据文件，每个数据库只能具有一个主要数据文件，次要数据文件是可选的。事务日志文件包含恢复数据库中的所有事务所需的信息。为了便于分配和管理，可以将数据文件集合起来，放到文件组中。

提醒：默认情况下，数据和事务日志被放在同一个驱动器的同一个路径下，这是为处理单磁盘系统而采用的方法。但是，在生产环境中，这不是最佳的方法，建议将数据文件和日志文件放在不同的磁盘或者磁盘卷上，且都不选择放在操作系统所处的系统磁盘卷上。

（1）主要数据文件

主要数据文件包含数据库的启动信息，并指向数据库中的其他文件。用户数据和对象可存储在此文件中，也可以存储在次要数据文件中。每个数据库有一个且只能有一个主要数据文件。主要数据文件的默认文件扩展名是".mdf"。

（2）次要数据文件

次要数据文件是可选的，由用户定义并存储用户数据。次要文件用于将数据分散到多个磁盘上。另外，如果数据库超过了单个 Windows 文件的最大大小，可以使用次要数据文件，这样数据库就能继续增长。次要数据文件的默认文件扩展名是".ndf"。

（3）事务日志文件

事务日志文件保存用于恢复数据库的日志信息。每个数据库必须至少有一个日志文件。事务日志文件的默认文件扩展名是".ldf"。

（4）文件组

每个数据库有一个主要文件组，即默认文件组 PRIMARY。此文件组包含主要数据文件和未放入其他文件组的所有次要文件。可以创建用户定义的文件组，用于将数据文件集合起来，以便于管理、数据分配和放置。

如果在数据库中创建对象时没有指定对象所属的文件组，对象将被分配给默认文件组。不管何时，只能将一个文件组指定为默认文件组。默认文件组中的文件必须足够大，能够容纳未分配给其他文件组的所有新对象。

例如，可以分别在 3 个磁盘驱动器上创建 3 个文件 Data1.ndf、Data2.ndf 和 Data3.ndf，然后将它们分配给文件组 fgroup1。然后，可以明确地在文件组 fgroup1 上创建一个表。对表中数据的查询将分散到 3 个磁盘上，从而提高了性能。

提醒：一个数据文件只能属于一个文件组，事务日志文件不适合文件组。

在创建数据库之前，首先应确定数据库名称、所有者、数据库的文件名称、数据库的文件存储路径、大小，以及文件组。同时，还应该考虑数据库大小的增长情况，以防数据库无限增长时，用尽整个磁盘空间。

1. 任务描述

为了存储"电子商务系统"的数据，需创建数据库 eshop。分别使用 SSMS 和 SQL 语句两种方式创建数据库 eshop。创建过程中，各参数如下：

① 主数据文件：逻辑名称为eshop，物理文件名称为eshop.mdf，初始大小为5 MB，自动增长，增量为1 MB，最大文件大小无限制，存储路径为 D:\eshop。

② 日志文件：逻辑名称为 eshop_log，物理文件名称为 eshop_log.ldf，初始大小为 1 MB，自动增长，增量为 10%，最大文件大小为 2 MB，存储路径为 D:\eshop。

**2. 任务实现**

**（1）使用 SSMS 工具创建数据库**

● Step1：打开 SSMS 窗口，在"对象资源管理器"中，连接到 SQL Server 数据库引擎实例，然后展开该实例。一般在打开 SSMS 窗口时，默认已显示"对象资源管理器"，并且已经连接到了 SQL Server 数据库引擎默认实例，如图 3-1 所示。如果没有连接到实例，则手动连接，单击"对象资源管理器"中的"连接"，选择"数据库引擎"，然后按步骤就可以完成连接，如图 3-2 所示。

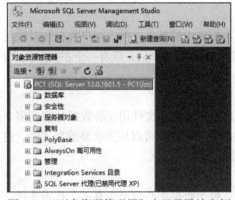

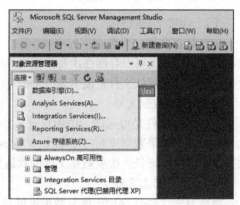

图 3-1 "对象资源管理器"中显示默认实例　　图 3-2 "对象资源管理器"连接数据库实例

● Step2：在"对象资源管理器"中右击"数据库"，在弹出的快捷菜单中选择"新建数据库"命令，如图 3-3 所示。

● Step3：此时会打开"新建数据库"窗口，如图 3-4 所示。在窗口左边有 3 个选择页，分别是"常规"、"选项"和"文件组"。窗口右边则对应选择页的设置参数。

● Step4：在"常规"选择页的右边窗口，"数据库名称"文本框中输入 eshop，如图 3-4 所示。所有者选择"<默认值>"、"数据库文件"区域的各项设置如下：

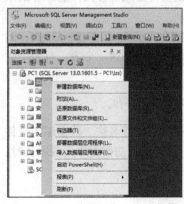

图 3-3 "新建数据库"快捷菜单　　　　　图 3-4 "新建数据库"常规设置页

• 逻辑名称：数据库文件的逻辑名称。主数据文件逻辑名称默认为数据库名称，即

eshop，日志文件逻辑名称默认为"数据库名称_log"，即 eshop_log。当然，也可以进行修改。

- 文件类型：指定文件类型是"行数据"还是"日志"，用于区别保存的是数据信息还是日志信息。
- 文件组：设置数据文件所属的组，默认只有 PRIMARY 文件组。可以在左边的"文件组"选择页中添加或删除文件组。一个数据文件只能属于一个文件组，日志文件不适用文件组。
- 初始大小：设置文件的初始大小，以 MB 为单位。数据文件默认初始大小 5 MB，日志文件默认初始大小为 1 MB。

提醒：初始大小可根据应用项目的实际需求进行调整。

- 自动增长 / 最大大小：当设置的文件大小不够时，系统会根据设置的增长方式自动增长文件的大小。默认情况下，数据文件自动增长，增量为 1 MB，最大文件大小无限制。日志文件自动增长，增量为 10%，最大文件大小为 2 MB。可通过此项中的按钮 来进行自动增长的设置更改，如图 3–5 和图 3–6 所示。

提醒：自动增长的最大文件大小的设置根据实际磁盘空间容量的规划来进行。

 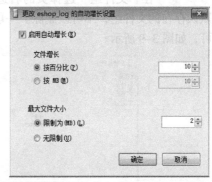

图 3–5　更改数据文件的自动增长设置对话框（一）　图 3–6　更改日志文件的自动增长设置对话框（二）

- 路径：设置存放数据文件或日志文件的物理路径。默认路径为数据库安装路径下的 DATA 文件夹中，一般建议不要采用默认路径。对数据文件和日志文件进行如下路径设置：单击此项中的按钮 ，打开"选择文件夹"对话框，选择路径 E:\eshop，单击"确定"按钮，如图 3–7 所示。

| 逻辑名称 | 文件类型 | 文件组 | 初始大小(MB) | 自动增长/最大大小 | 路径 | 文件名 |
|---|---|---|---|---|---|---|
| eshop | 行数据 | PRIMARY | 5 | 增量为 1 MB，增长无限制 | … E:\eshop | … |
| eshop_log | 日志 | 不适用 | 1 | 增量为 10%，限制为 2 MB | … E:\eshop | … |

图 3–7　数据库文件的路径设置

- 文件名：设置数据文件和日志文件的物理名称，默认情况下，数据文件和日志文件的物理名称和逻辑名称相同，扩展名分别为".mdf"和".ndf"。此处可以不填写，即为默认名称。

▶ Step5：在"选项"选择页的右边窗口，可以设置数据库的排序规则、恢复模式、兼容性级别、包含类型，以及其他选项，如图 3–8 所示。此任务可采用默认值，不做任何设置的修改。

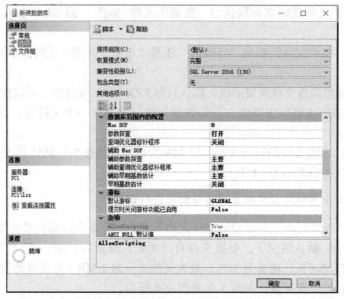

图 3-8　数据库的"选项"设置

● Step6：在"文件组"选择页的右边窗口，可以添加、删除文件组。注意 PRIMARY 文件为默认存在的文件组，不可以删除。一般情况下，不需要再添加多个文件组，使用默认文件组即可，如图 3-9 所示。

图 3-9　数据库的"文件组"设置

● Step7：完成上述操作后，单击"确定"按钮，将关闭"新建数据库"窗口，数据库创建成功，并可以在"对象资源管理器"窗口中看到刚才成功创建的数据库 eshop，如图 3-10 所示。

图 3–10　新建的 eshop 数据库

## （2）使用 T-SQL 语句方式创建数据库

● Step1：在 SSMS 窗口的工具栏上，单击"新建查询"按钮，打开"SQL 编辑器"窗口。

● Step2：在"SQL 编辑器"窗口中输入下列语句创建数据库 eshop。

```
USE master
IF (EXISTS(SELECT * FROM sysdatabases WHERE name ='eshop'))
                              --检查 eshop 是否存在
    DROP DATABASE eshop       --如果已经存在 eshop 数据库，则删除 eshop
GO
CREATE DATABASE eshop         --数据库名为 eshop
ON PRIMARY
(
    NAME=eshop,               --主数据文件逻辑名称
    FILENAME='E:\eshop\eshop.mdf',
                              --数据文件路径及物理名称 (E:\eshop 路径需存在 )
    SIZE=5MB,                 --初始大小
    MAXSIZE=UNLIMITED,        --最大尺寸
    FILEGROWTH=1MB            --自动增长的增量
)
LOG ON
(
    NAME=eshop_log,           --日志文件逻辑名称
    FILENAME='E:\eshop\eshop_log.ldf',
                              --日志文件路径及物理名称 (E:\eshop 路径需要存在 )
    SIZE=1MB,                 --初始大小
    MAXSIZE=2MB,              --最大尺寸
    FILEGROWTH=10%            --自动增长的增量
)
```

● Step3：在"SQL 编辑器"工具栏中单击"分析"按钮 ✓，或者选择"查询"→"分析"命令，或者按【Ctrl+F5】组合键，对 SQL 语句进行语法分析，确保上述语句的语法正确。

● Step4：在"SQL 编辑器"工具栏中单击"执行"按钮 ! 执行(X)，或者选择"查询"→"执行"命令，或者按【F5】键，以此来执行 SQL 语句。

## 任务 3-2　查看和修改数据库属性

在 SQL Server 中创建完数据库后，可以查看数据库属性，并可根据实际需求修改数据库的属性和重命名数据库。修改数据库属性后，修改内容将立即生效。

**1. 任务描述**

分别使用 SSMS 和 Transact-SQL 两种方式完成：查看和修改数据库 eshop 的属性；重命名数据库名为 eshop_new。

提醒：为不影响后续的实验，完成重命名数据库任务后，建议把数据库重新改回为 eshop。

**2. 任务实现**

（1）使用 SSMS 工具查看和修改数据库属性

Step1：打开 SSMS 窗口，在"对象资源管理器"中，连接到 SQL Server 数据库引擎实例，然后展开该实例。

Step2：展开"数据库"，右击 eshop 数据库，如图 3-11 所示。

Step3：选择"属性"命令，即可打开 eshop 数据库的"数据库属性"窗口，即可查看、更改数据库的常规、

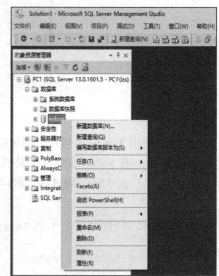

图 3-11　查看数据库属性

文件、文件组、选项、更改跟踪、权限、扩展属性、镜像、事务日志传送等各个属性信息，如图 3-12 所示。

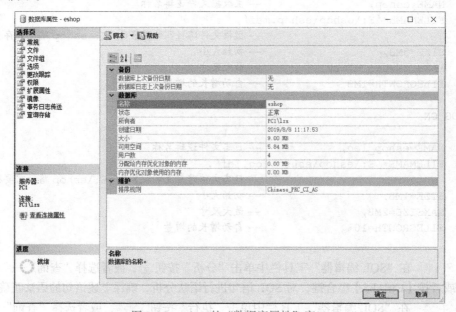

图 3-12　eshop 的"数据库属性"窗口

（2）使用 T-SQL 方式查看数据库属性

Step1：在 SSMS 窗口的工具栏上，单击"新建查询"按钮，打开"SQL 编辑器"窗口。

⏵Step2：在"SQL 编辑器"窗口输入下列两条语句其中之一即可查询数据库 eshop 的属性。

语句一：select * from sys.databases  where name='eshop'

语句二：sp_helpdb  eshop

⏵Step3：在"SQL 编辑器"中分别执行以上两条语句，语句一执行的结果如图 3-13 所示，语句二执行的结果如图 3-14 所示。

图 3-13　通过查询 sys.databases 来查看 eshop 数据库属性

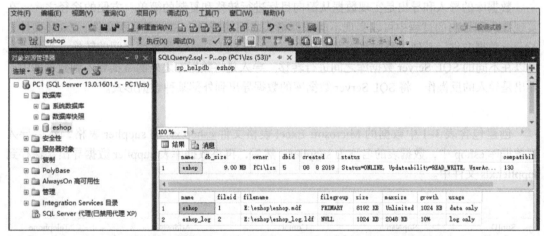

图 3-14　通过 sp_helpdb 存储过程来查看 eshop 数据库属性

（3）使用 SSMS 工具重命名数据库

⏵Step1：打开 SSMS 窗口，在"对象资源管理器"中，连接到 SQL Server 数据库引擎实例，然后展开该实例。

⏵Step2：展开"数据库"，右击 eshop 数据库，在弹出的快捷菜单中选择"重命名"命令，把 eshop 修改为 eshop_new 即可。

提醒：在重命名数据库前，应确保没有任何用户正在使用数据库。此操作只更改了数据库的逻辑名，对于该数据库的文件没有任何影响。

（4）使用 T-SQL 方式重命名数据库和修改数据库属性

可通过 ALTER DATABASE 语句来重命名数据库和修改数据库属性。例如，将 eshop 数据库重命名为 eshop_new，将 eshop 改为单用户访问。

▶ Step1：在 SSMS 窗口的工具栏上，单击"新建查询"按钮，打开"SQL 编辑器"窗口。

▶ Step2：在"SQL 编辑器"窗口中输入并执行下列语句来重命名数据库，将 eshop 重命名为 eshop_new。

提醒：在重命名数据库前，应确保没有任何用户正在使用数据库。此操作只更改了数据库的逻辑名，对于该数据库的文件没有任何影响。

```
ALTER DATABASE eshop MODIFY NAME=eshop_new
```

▶ Step3：在"SQL 编辑器"窗口中输入并执行下列语句，将 eshop 改为单用户访问。

提醒：在修改为单用户访问后，为避免影响后续的实验内容，应重新改为多用户访问，单用户访问模式一般是在进行数据库维护时使用，默认是多用户访问。

```
ALTER DATABASE eshop SET SINGLE_USER     -- 修改 eshop 数据库为单用户访问模式
ALTER DATABASE eshop SET MULTI_USER -- 修改 eshop 数据库为多用户访问模式
```

# 任务 3-3　导入与导出数据库

数据库的导入和导出是实现数据从源向目标进行转移和复制的简单、方便的途径之一。在实现导入和导出的过程中可以实现不同数据格式之间的转换，如实现平面文件、Excel 文件、Access 数据文件、其他关系型数据库（如 Oracle）与 SQL Server 数据库之间的转换。当然，也可以在不同的 SQL Server 数据库之间进行转移。导入是将数据库之外的数据导入到数据库中；导出是导入的反操作，将 SQL Server 数据库的数据导出到外部某种数据形式。

## 1. 任务描述

创建包含表 3-1 中数据的 Microsoft Excel 表格文件 eshop.xls 的 supplier 表格，然后导入到数据库 eshop 中，数据表的名称为 supplier。然后，再将数据库表 supplier 数据导出，保存到 supplier.xls 文件中。

表 3-1　supplier 表中的数据

| SupID | SupName | Contact | Address | Telephone |
|-------|---------|---------|---------|-----------|
| 14001 | 三国有限公司 | 刘备 | 广州市天河区 | 11111111 |
| 14002 | 导向有限公司 | 曹操 | 广州市黄埔区 | 22222222 |
| 14003 | 狂想电脑公司 | 赵云 | 深圳市罗湖区 | 33333333 |
| 14004 | 文文有限公司 | 张飞 | 长沙市雨花区 | 44444444 |
| 14005 | 西游有限公司 | 唐僧 | 深圳市宝安区 | 55555555 |
| 14006 | 天书有限公司 | 孙悟空 | 北京市朝阳区 | 66666666 |

## 2. 任务实现

（1）使用 SSMS 工具的"导入导出向导"进行导入

▶ Step1：打开 SSMS 窗口，在"对象资源管理器"中，连接到 SQL Server 数据库引擎实例，然后展开该实例。

▶ Step2：展开"数据库"，右击 eshop 数据库，选择"任务"→"导入数据"命令，进入导入导出向导欢迎界面，单击 "下一步"按钮，进入"选择数据源"界面。选择数据源的数据类型为 Microsoft Excel，如图 3-15 所示。设置"Excel 文件路径"和"Excel 版本"，如图 3-16 所示。

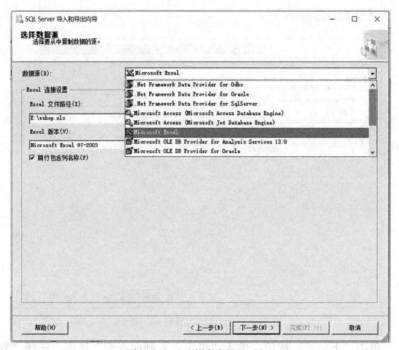

图 3-15　"选择数据源"界面

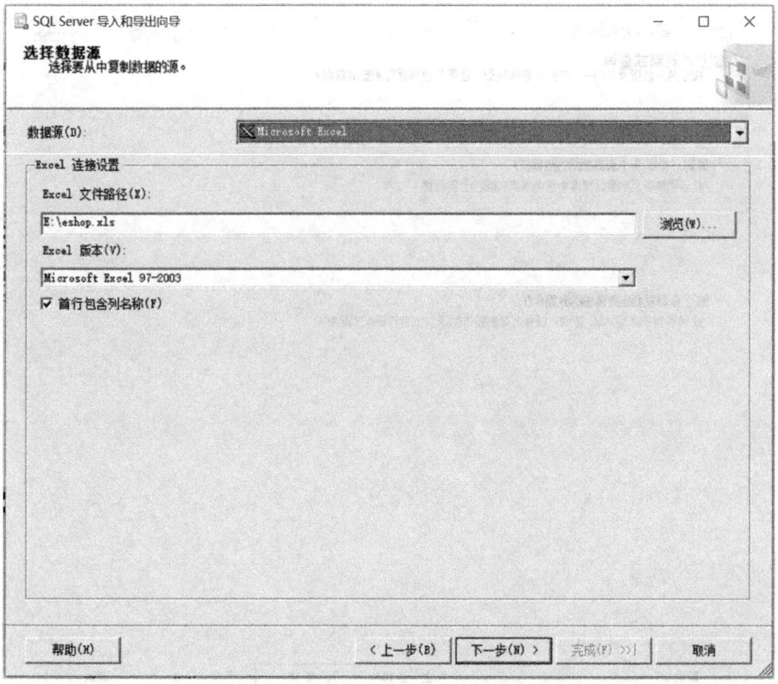

图 3-16　设置 Excel 数据源

Step3：单击"下一步"按钮，进入"选择目标"界面。确定目标的数据类型为 SQL Server Native Client 11.0，以及服务器名、身份验证、数据库等各参数，如图 3–17 所示。

图 3–17　设置"选择目标"界面

Step4：单击"下一步"按钮，进入"指定表复制或查询"界面，选择"复制一个或多个表或视图的数据"，如图 3–18 所示。

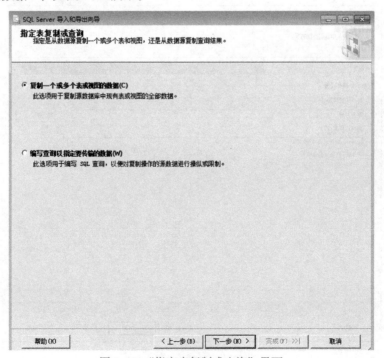

图 3–18　"指定表复制或查询"界面

● Step5：单击"下一步"按钮，进入"选择源表和源视图"界面，选择源表，目标表的名称可以选择默认，也可以修改名称，如图 3-19 所示。

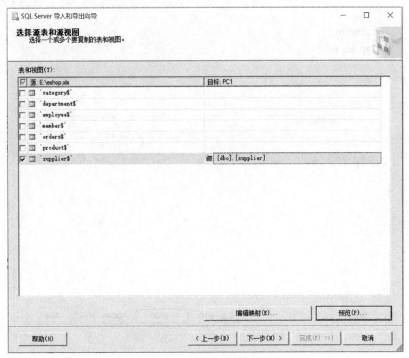

图 3-19　"选择源表和源视图"界面

● Step6：单击"预览"按钮，可以预览已选择表中的数据，如图 3-20 所示。预览完毕，单击"确定"按钮。重新返回"选择源表和源视图"界面。

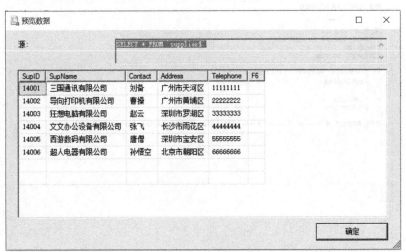

图 3-20　"预览数据"界面

● Step7：单击"下一步"按钮，进入"保存并运行包"界面，如图 3-21 所示。

● Step8：选中"立即运行"复选框，并单击"下一步"按钮，进入"完成向导"界面，如图 3-22 所示。

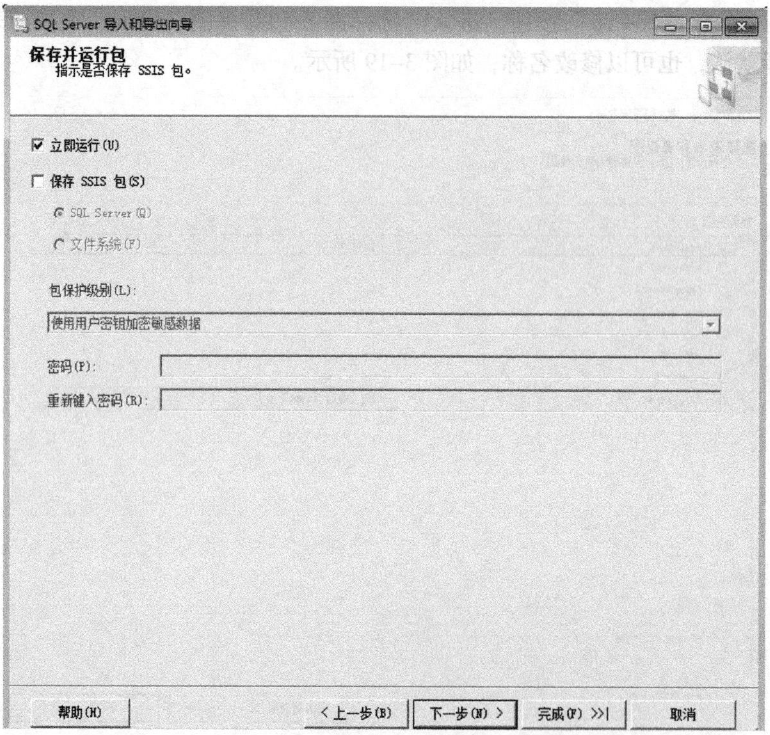

图 3-21 "保存并运行包"界面

图 3-22 "完成向导"界面

● Step9：单击"完成"按钮，进入"执行"界面，执行完毕后显示"执行成功"，然后单击"关闭"按钮，完成导入操作。如图 3-23 所示。

图 3-23 "执行"界面

● Step10：展开数据库 eshop → "表"，检查表 supplier 存在，并可打开表，检查数据都已经导入，如图 3-24 所示。

图 3-24 检查数据是否导入成功

（2）使用 SSMS 工具的"导入导出向导"进行导出

● Step1：打开 SSMS 窗口，在"对象资源管理器"中，连接到 SQL Server 数据库引擎实例，然后展开该实例。

● Step2：展开"数据库"，右击 eshop 数据库，选择"任务"→"导出数据"命令，进入导入导出向导欢迎界面，单击"下一步"按钮，进入"选择数据源"界面。选择数据源的数据类型为 SQL Server Native Client 11.0，同时确认服务器名称、身份验证方式、数据库等参数，如图 3-25 所示。

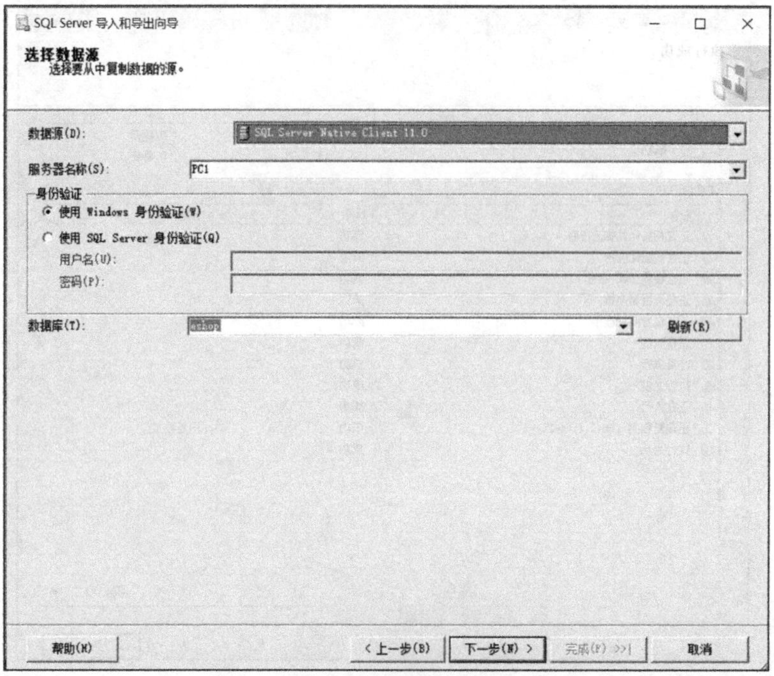

图 3-25 "选择数据源"界面

● Step3：单击"下一步"按钮，进入"选择目标"界面。目标的数据类型选择为 Microsoft Excel，"Excel 文件路径"的输入框中，输入 E:\eshop\supplier.xls（也可以通过"浏览"按钮，选择已存在的一个空白 Excel 文件），选择 Excel 版本为 Microsoft Excel 97-2003，如图 3-26 所示。

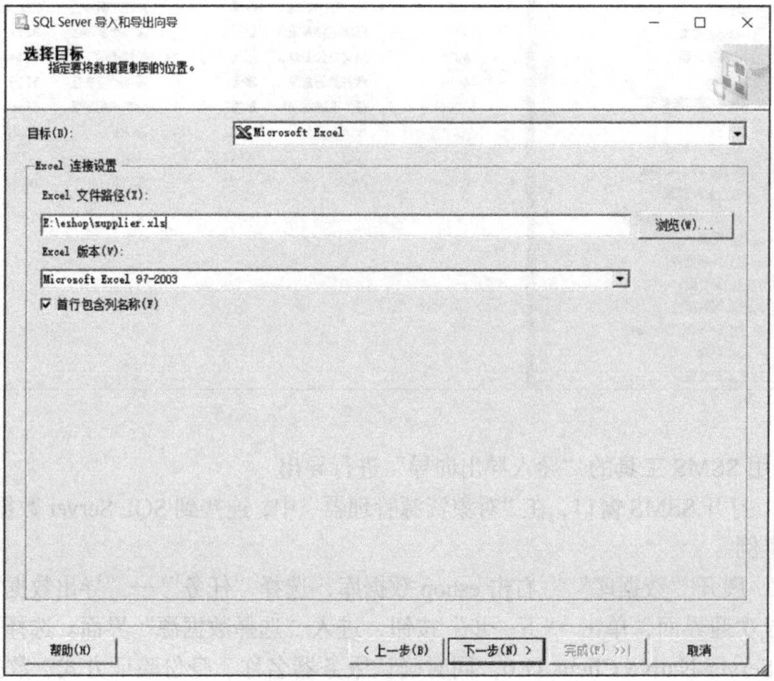

图 3-26 "选择目标"界面

◆ Step4：单击"下一步"按钮，进入"指定表复制或查询"界面，选择"复制一个或多个表或视图的数据"，如图 3-27 所示。

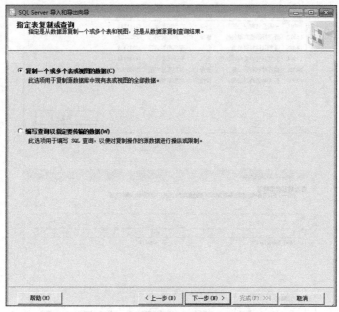

图 3-27 "指定表复制或查询"界面

◆ Step5：单击"下一步"按钮，进入"选择源表和源视图"界面，选择源表，目标表的名称可以选择默认，也可以修改名称，如图 3-28 所示。

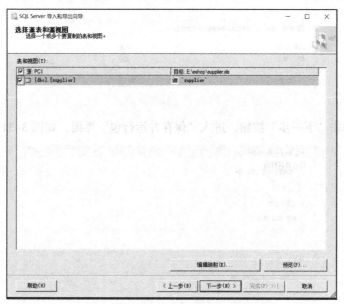

图 3-28 "选择源表和源视图"界面

◆ Step6：单击"预览"按钮，可以预览已选择表中的数据。预览完毕，单击"确定"按钮，重新返回"选择源表和源视图"界面，如图 3-29 所示。

◆ Step7：单击"下一步"按钮，进入"查看数据类型映射"界面，如图 3-30 所示。

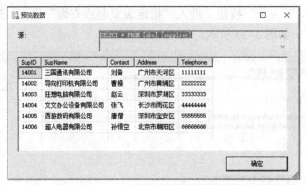

图 3-29 "预览数据"界面

图 3-30 "查看数据类型映射"界面

◉ Step8：单击"下一步"按钮，进入"保存并运行包"界面，如图 3-31 所示。

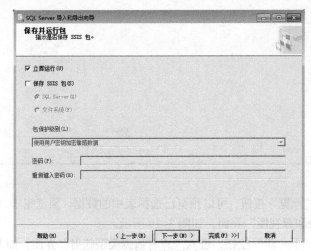

图 3-31 "保存并运行包"界面

● Step9：选中"立即运行"复选框，并单击"下一步"按钮，进入"完成向导"界面，如图 3-32 所示。

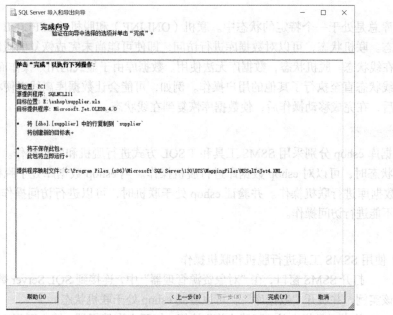

图 3-32 "完成向导"界面

● Step10：单击"完成"按钮，进入"执行"界面，执行完毕后显示"执行成功"，然后单击"关闭"按钮，完成导出操作，如图 3-33 所示。

● Step11：打开文件夹 E:\eshop\，检查文件 supplier.xls 是否存在，并打开此文件，检查文件中的数据记录，确保数据全部已经导出到此文件。

图 3-33 "执行成功"界面

## 任务 3-4　脱机与联机数据库

数据库总是处于一个特定的状态中。联机（ONLINE）和脱机（OFFLINE）是数据库的两种重要状态。联机状态，可以对数据库进行访问，即使可能尚未完成恢复的撤销阶段，主文件组仍处于在线状态。脱机状态，数据库无法使用。数据库由于显式的用户操作而处于离线状态，并保持离线状态直至执行了其他的用户操作。例如，可能会让数据库离线以便将文件移至新的磁盘。然后，在完成移动操作后，使数据库恢复到在线状态。

### 1. 任务描述

对数据库 eshop 分别采用 SSMS 工具和 T-SQL 方式进行脱机和联机操作。当 eshop 数据库处于联机状态时，可以对 eshop 数据库进行脱机操作。当 eshop 数据库处于脱机状态时，可以对 eshop 数据库进行联机操作。并验证 eshop 处于联机时，可以进行访问操作，当 eshop 处于脱机时，不能进行访问操作。

### 2. 任务实现

#### （1）使用 SSMS 工具进行脱机和联机操作

● Step1：打开 SSMS 窗口，在"对象资源管理器"中，连接到 SQL Server 数据库引擎实例，然后展开该实例，并展开"数据库"，可以看到 eshop 处于联机状态。

● Step2：单击工具栏上的"新建查询"按钮，打开查询编辑器，输入下列 SQL 语句并执行，以验证 eshop 可以被正常访问，如图 3-34 所示。

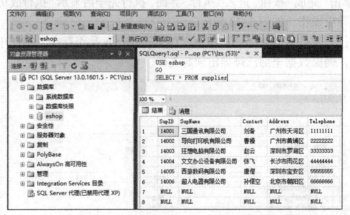

图 3-34　eshop 联机状态，能正常访问

```
USE eshop
GO
SELECT * FROM supplier
```

● Step3：右击 eshop 数据库，选择"任务"→"脱机"命令，脱机操作成功后，eshop 立即处于脱机状态，如图 3-35 所示。

● Step4：在查询编辑器中执行 Step2 中的 SQL 语句，以验证 eshop 不能被正常访问，如图 3-36 所示。

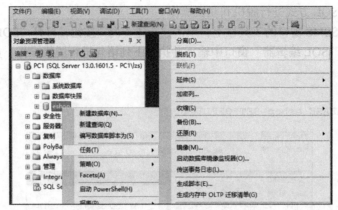

图 3-35 对 eshop 进行脱机操作

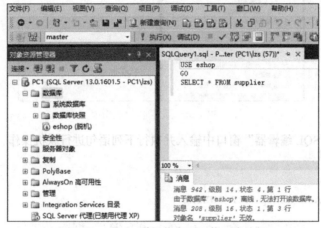

图 3-36 eshop 脱机状态，不能正常访问

● Step5：右击 **eshop** 数据库，选择"任务"→"联机"命令，联机操作成功后，eshop 立即处于联机状态，如图 3-37 所示。

提醒：数据库处于联机状态时，不能对该数据库的所有数据库文件进行复制和移动。而数据库处于脱机状态时，可以对该数据库的所有数据库文件进行复制和移动。

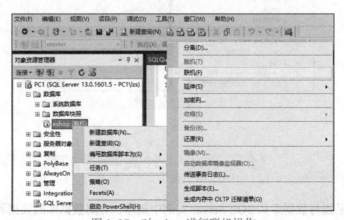

图 3-37 对 eshop 进行联机操作

（2）使用 T-SQL 方式进行脱机和联机操作

● Step1：在 SSMS 窗口的工具栏上，单击"新建查询"按钮，打开"SQL 编辑器"窗口。

● Step2：在"SQL 编辑器"窗口中输入并执行下列语句进行脱机操作，如图 3-38 所示。

```
USE master
GO
ALTER DATABASE eshop SET OFFLINE
```

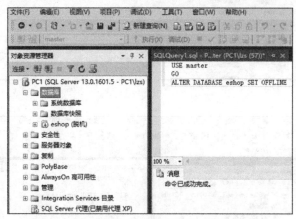

图 3-38　SQL 语句执行脱机操作

● Step3：在"SQL 编辑器"窗口中输入并执行下列语句进行联机操作，如图 3-39 所示。

```
USE master
GO
ALTER DATABASE eshop SET ONLINE
```

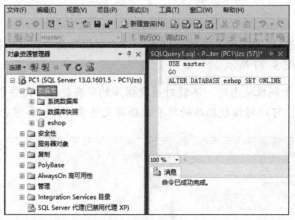

图 3-39　SQL 语句执行联机操作

 任务 3-5　分离与附加数据库

　　分离数据库是指将数据库从 SQL Server 实例中删除，分离数据库的数据和事务日志文件。分离后，数据文件和事务日志文件仍存在，且数据文件中的数据和事务日志文件中的日志保持不变。之后，就可以使用这些文件将数据库附加到原实例和其他任何 SQL Server 实例。如果要将数据库更改到同一计算机的不同 SQL Server 实例或要移动数据库，分离和附加数据库是很有用且很方便的操作。

1. 任务描述

分别采用 SSMS 工具和 T-SQL 语句方式对 eshop 数据库进行分离和附加。先分离 eshop 数据库，然后把 eshop 数据库的所有数据库文件，移动到 E:\eshop1 文件夹下，然后再进行附加。当然也可以把分离后的所有数据库文件移动到另一台 SQL Server 服务器上，然后再附加，实现数据库在不同服务器上的移动。

2. 任务实现

（1）使用 SSMS 工具分离和附加数据库

▶ Step1：打开 SSMS 窗口，在"对象资源管理器"中，连接到 SQL Server 数据库引擎实例，然后展开该实例。

▶ Step2：展开"数据库"，右击 eshop 数据库，选择"任务"→"分离"命令，进入"分离数据库"界面，如图 3-40 所示。单击"确定"按钮，完成分离，实例中就看不到 eshop 数据库。

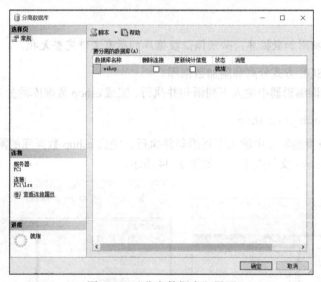

图 3-40　"分离数据库"界面

▶ Step3：将数据库文件 eshop.mdf 和 eshop_log.ldf 从 E:\eshop 文件夹移动到 E:\eshop1 文件夹下。

▶ Step4：在"资源对象管理器"窗口中，右击"数据库"，如图 3-41 所示。

▶ Step5：选择"附加"命令，进入"附加数据库"界面。单击"添加"按钮，选择 MDF 文件 E:\eshop1\eshop.mdf。在"'eshop'数据库详细信息"区域，将自动出现 eshop 数据库的所有文件，如果某个文件没出现，则需单击□按钮手动选择该文件，如图 3-42 所示。

▶ Step6：单击"确定"按钮，完成 eshop 数据

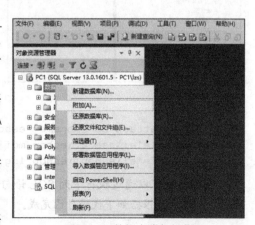

图 3-41　数据库附加操作

库的附加，在实例中将能看到 eshop 数据库，并可检查数据是完整的。

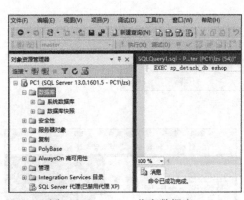

图 3-42 "附加数据库"界面

提醒：要想成功附加数据库，必须保证数据库的所有文件完整无损。

**（2）使用 T-SQL 方式分离和附加数据库**

● Step1：在查询编辑器中输入下列语句并执行，完成 eshop 数据库的分离，如图 3-43 所示。

```
EXEC sp_detach_db eshop
```

● Step2：在查询编辑器中输入下列语句并执行，完成 eshop 数据库的附加（分离后把数据库文件移动到 E:\eshop1 文件夹下），如图 3-44 所示。

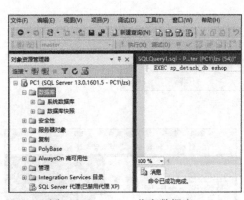

图 3-43　T-SQL 分离数据库

图 3-44　T-SQL 附加数据库

```
EXEC sp_attach_db @dbname='eshop',
@filename1='e:\eshop1\eshop.mdf',
@filename2='e:\eshop1\eshop_log.ldf'
```

提醒：也可以通过执行下列 SQL 语句进行附加（实际上是利用已有的数据库文件创建数据库），读者可根据如下代码自己完成。

```
USE master;
GO
CREATE DATABASE eshop
ON   (FILENAME='e:\eshop1\eshop.mdf'),
      (FILENAME='e:\eshop1\eshop_Log.ldf')
FOR ATTACH
```

# 任务 3-6　扩充与收缩数据库

在 SQL Server 的使用过程中，随着数据的不断增加，需要更多的数据库空间来存放有效数据，因此需要通过数据库容量的扩充或者收缩数据库和数据文件来满足需求。

## 1. 任务描述

对数据库的扩充可以通过修改数据库文件的初始大小和增量值来实现，也可以通过添加次要数据文件来实现。本任务要求对数据库 eshop 分别采用 SSMS 工具和 T-SQL 方式进行扩充和收缩操作。具体实现的操作任务如下：

① 将数据库 eshop 的主数据文件的初始大小修改为 10 MB，增量增大至 8 MB。

② 将数据库 eshop 的事务日志文件的初始大小修改为 3 MB，增量增大至 15%。

③ 为数据库 eshop 添加次要数据文件，初始大小为 8 MB，增量为 3 MB。

④ 收缩数据库 eshop 数据库和数据文件，以便释放未使用的空闲空间。

## 2. 任务实现

（1）使用 SSMS 工具修改数据库的初始大小和增量，添加数据文件

▶ Step1：打开 SSMS 窗口，在"对象资源管理器"中，连接到 SQL Server 数据库引擎实例，然后展开该实例。

▶ Step2：展开"数据库"，右击 eshop 数据库，选择"属性"命令，打开"数据库属性 -eshop"窗口。在该窗口的左侧选择页中选择"文件"，在右侧进行如下修改：

- 在"数据库文件"区域的"初始大小"文本框中，将主数据文件的初始大小修改为 10 MB，将事务日志文件的初始大小修改为 3 MB，如图 3-45 所示。

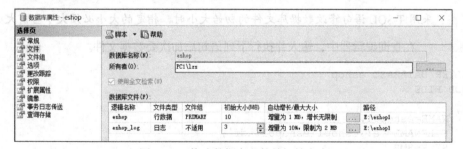

图 3-45　修改数据库文件的初始大小

- 在"自动增长 / 最大大小"项中，单击 按钮，打开"更改 eshop 的自动增长设置"对话框，将"文件增长"的"按 MB"设为 8（见图 3-46），单击"确定"按钮返回"数据库属性 -eshop"对话框。在事务日志文件的对话框中，"文件增长"的按"按百分比"设为 15%（见图 3-47），单击"确定"按钮返回"数据库属性 -eshop"对话框。

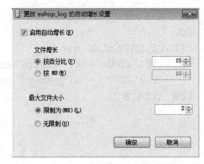

图 3-46　主数据文件"文件增长"设置　　　图 3-47　事务日志文件"文件增长"设置

- 在"数据库属性 -eshop"对话框中，在左侧栏中选择"文件"，然后在右侧窗口单击"添加"按钮，添加新的数据文件，新添加的数据文件的设置参数是"逻辑名称"为 eshop01，"初始大小"为 8 MB，"增量"为 3 MB，"路径"为 E:\eshop1。

▶ Step3：单击"确定"按钮，完成数据库 eshop 的扩充。

（2）使用 T-SQL 方式修改数据库的初始大小和增量，添加数据文件

▶ Step1：在查询编辑器中，输入并执行下列语句修改主数据文件的初始大小和增量。

```
ALTER DATABASE eshop
MODIFY FILE
(
    NAME=eshop,
    SIZE=10MB,
    FILEGROWTH=8MB
)
```

▶ Step2：在查询编辑器中，输入并执行下列语句修改事务日志文件的初始大小和增量。

```
ALTER DATABASE eshop
MODIFY FILE
(
    NAME=eshop_log,
    SIZE=3MB,
    FILEGROWTH=15%
)
```

提醒：采用 T-SQL 语句修改数据库文件的初始大小时，指定的大小必须大于当前大小。

▶ Step3：在查询编辑器中，输入并执行下列语句添加次要数据文件。

```
ALTER DATABASE eshop
ADD FILE
(
    NAME=eshop01,
    FILENAME='e:\eshop1\eshop01.ndf',
    SIZE=8MB,
    FILEGROWTH=3MB
)
```

（3）使用 SSMS 工具收缩数据库

▶ Step1：打开 SSMS 窗口，在"对象资源管理器"中，连接到 SQL Server 数据库引擎实例，然后展开该实例。

◉ Step2：展开"**数据库**"，右击 eshop 数据库，选择"**任务**"→"**收缩**"→"**数据库**"命令（见图 3-48），打开"**收缩数据库 -eshop**"对话框，选中"**在释放未使用的空间前重新组织文件**"复选框，然后在"**收缩后文件中的最大可用空间**"中设置一个的值，该值范围为 0 ~ 99，这里设置为 65，即收缩后文件中的最大可用空间为 65%，如图 3-49 所示。

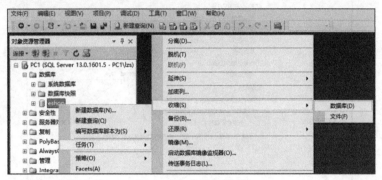

图 3-48　收缩数据库

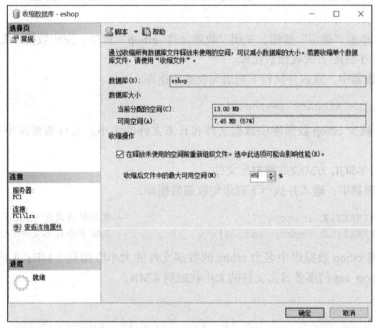

图 3-49　"收缩数据库 -eshop"对话框

◉ Step3：单击"**确定**"按钮，关闭"**收缩数据库 -eshop**"对话框，完成数据库 eshop 的收缩。

提醒：收缩后的数据库不能小于数据库创建时的初始大小。

（4）使用 SSMS 工具收缩数据库文件

◉ Step1：打开 SSMS 窗口，在"**对象资源管理器**"中，连接到 SQL Server 数据库引擎实例，然后展开该实例。

◉ Step2：展开"**数据库**"，右击 eshop 数据库，选择"**任务**"→"**收缩**"→"**文件**"命令，打开"**收缩文件 -eshop**"对话框，选择文件类型和文件名，在"**收缩操作**"区域选中"**释放未使用的空间**"单选按钮，如图 3-50 所示。

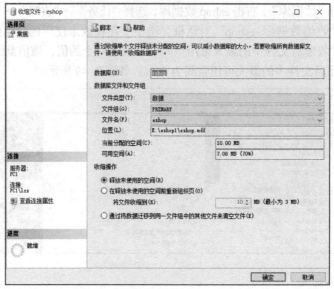

图 3-50　"收缩文件 –eshop"对话框

● Step3：单击"确定"按钮，关闭"收缩文件 -eshop"窗口，完成数据库文件的收缩。

（5）使用 T-SQL 方式收缩数据库

在查询编辑器中，输入并执行下列语句收缩数据库。

```
DBCC SHRINKDATABASE (eshop,65)
```

其中，65 是指减少 eshop 数据库中数据文件和日志文件的大小并允许数据库中有 65% 的可用空间。

（6）使用 T-SQL 方式收缩数据库文件

在查询编辑器中，输入并执行下列语句收缩数据库。

```
DBCC SHRINKFILE (eshop, 7)              -- 收缩数据文件 eshop
DBCC SHRINKFILE (eshop_log, 4)          -- 收缩事务日志文件 eshop_log
```

其中，7 是指将 eshop 数据库中名为 eshop 的数据文件的大小收缩到 7 MB；4 是指将 eshop 数据库中名为 eshop_log 的事务日志文件的大小收缩到 4 MB。

## 任务 3-7　复制和删除数据库

在某些情况下，为了用于测试、检查一致性、开发软件、运行报表、创建镜像数据库，或者将数据库用于远程分支操作，需要通过数据库的复制实现将数据库从一台计算机移植到另一台计算机上。当然，也可以在同一台计算机上对数据库进行复制。

当某用户的数据库不再需要，或者数据库已经迁移到其他数据库服务器上时，可以删除该数据库。当删除数据库时，不但数据库从当前实例中删除，而且所有数据库文件（主数据文件、次要数据文件、事务日志文件）也将从操作系统中物理性的删除。所以，删除数据库之前需要谨慎考虑。

1. 任务描述

实现数据库的复制，最佳的方式是使用复制数据库向导，但在进行数据库复制时，先应启动"SQL Server 代理"服务。本任务的具体实现操作如下：

① 使用复制数据库向导进行数据库复制，复制 eshop 数据库，新数据库名为 eshop_new。

② 使用 SSMS 工具删除数据库 eshop_new。

③ 使用 T-SQL 方式删除数据库 eshop。

2. 任务实现

（1）使用复制数据库向导复制数据库

● Step1：打开 SSMS 窗口，在"对象资源管理器"中，连接到 SQL Server 数据库引擎实例，然后展开该实例。

● Step2：启动"SQL Server 代理"服务。在"对象资源管理器"中，右击"SQL Server 代理"，选择"启动"命令，如图 3-51 所示。此时弹出图 3-52 所示的提示信息框，单击"是"按钮即可启动 SQL Server 代理服务。启动成功后，其左侧图标变为 形状。

提醒：也可以通过配置管理器来启动"SQL Server 代理"服务。

图 3-51　启动 SQL Server 代理　　　图 3-52　启动"SQL Server 代理"服务确认提示信息框

● Step3：展开"数据库"，右击 eshop 数据库，选择"任务"→"复制数据库"命令，如图 3-53 所示。启动复制数据库向导，如图 3-54 所示。

● Step4：单击"下一步"按钮，进入"选择源服务器"界面，选择源服务器（本例为 DB-SVR），身份验证方式选择"使用 Windows 身份验证"，如图 3-55 所示。

● Step5：单击"下一步"按钮，进入"选择目标服务器"界面（见图 3-56），目标服务器为本地服务器，即（local）。此例目标服务器和源服务器相同，当然，也可以是不同服务器。身份验证方式选择"使用 Windows 身份验证"。

图 3-53 选择"复制数据库"向导

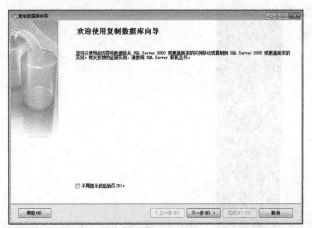

图 3-54 "复制数据库向导"欢迎界面

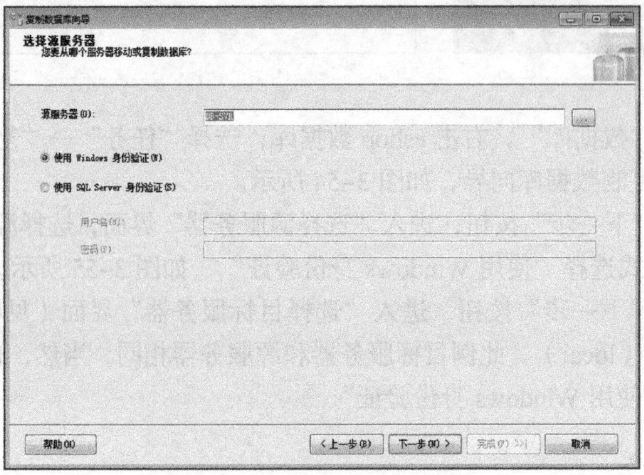

图 3-55 "选择源服务器"界面

图 3-56　"选择目标服务器"界面

● Step6：单击"下一步"按钮，进入"选择传输方法"界面。选择"使用分离和附加方法"，如图 3-57 所示。

图 3-57　"选择传输方法"界面

● Step7：单击"下一步"按钮，进入"选择数据库"界面，选择复制 eshop 数据库，如图 3-58 所示。

图 3-58　"选择数据库"界面

● Step8：单击"下一步"按钮，进入"配置目标数据库"界面，将目标数据库名称设置为 eshop_new，目标文件设置为 E:\eshop_new，选择"如果目标上已存在同名的数据库或文件则停止传输"，如图 3-59 所示。

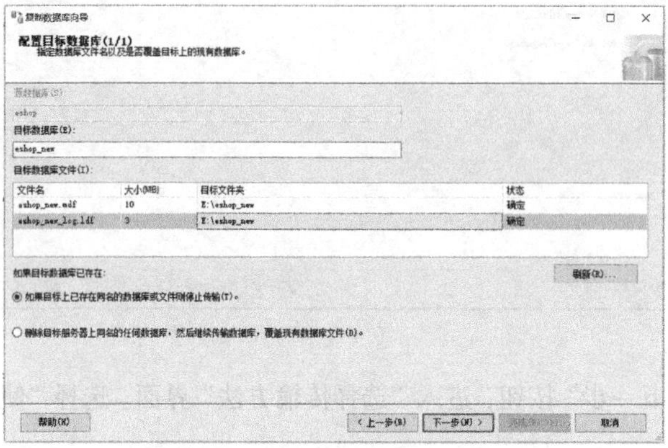

图 3-59　"配置目标数据库"界面

● Step9：单击"下一步"按钮，进入"配置包"界面，选择默认设置，如图 3-60 所示。

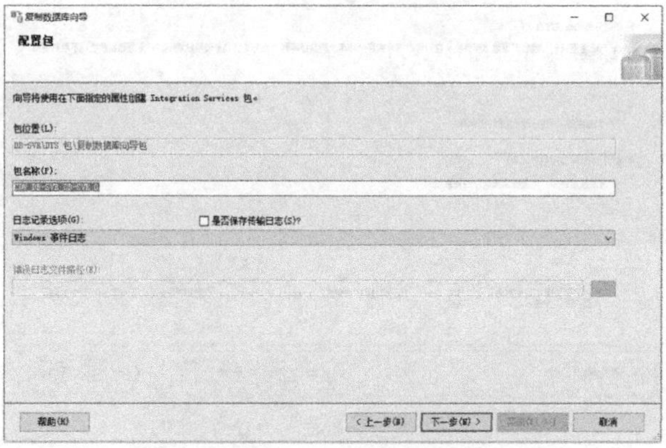

图 3-60　"配置包"界面

● Step10：单击"下一步"按钮，进入"安排运行包"界面，选择"立即运行"，在"Integration Services 代理账户"的下拉列表框中选择"SQL Server 代理服务账户"选项，如图 3-61 所示。

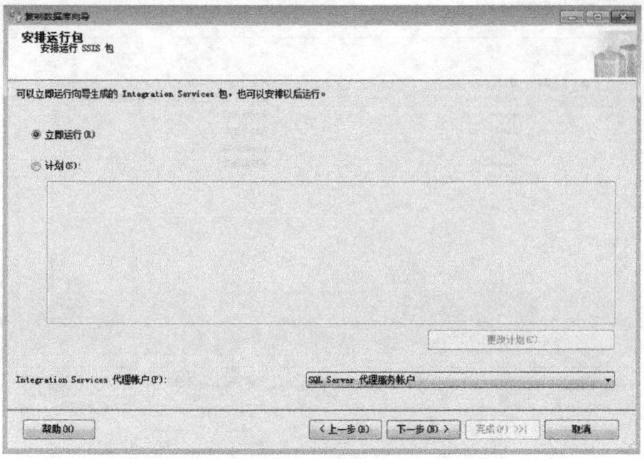

图 3-61　"安排运行包"界面

⊙ Step11：单击"下一步"按钮，进入"完成向导"界面，如图 3-62 所示。

图 3-62　"完成向导"界面

⊙ Step12：单击"完成"按钮，进入"正在执行操作"界面，操作成功后，出现图 3-63 所示的界面。单击"关闭"按钮，退出复制数据库向导。

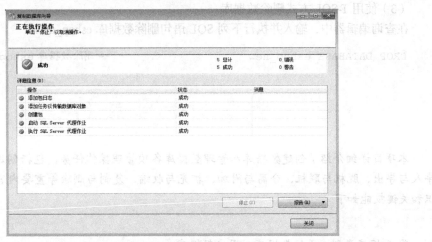

图 3-63　"正在执行操作"界面

⊙ Step13：在"对象资源管理器"窗口中，右击"数据库"，选择"刷新"命令，即可看到刚才复制成功的数据库 eshop_new。

（2）使用 SSMS 工具删除数据库

⊙ Step1：打开 SSMS 窗口，在"对象资源管理器"中，连接到 SQL Server 数据库引擎实例，然后展开该实例。

⊙ Step2：展开"数据库"，右击 eshop_new 数据库，选择"删除"命令（见图 3-64），出现图 3-65 所示的"删除对象"界面，默认已选中"删除数据库备份和还原历史记录信息"复选框，并选中"关闭现有连接"复选框。

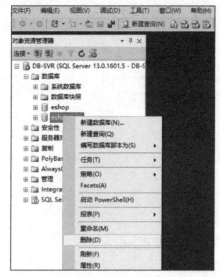

图 3-64　删除数据库　　　　　　　　　　　　　　图 3-65　"删除对象"界面

● Step3：单击"确定"按钮，即可完成数据库的删除。

（3）使用 T-SQL 方式删除数据库

在查询编辑器中，输入并执行下列 SQL 语句删除数据库 eshop_new。

```
DROP DATABASE eshop_new                    -- 删除数据库 eshop_new
```

 项 目 总 结

本项目详细介绍了创建数据库和管理数据库各项管理操作任务，包括创建、查看与修改、导入与导出、脱机与联机、分离与附加、扩充与收缩、复制与删除等重要内容。涉及的关键知识和关键技能如下：

1. 关键知识

① 数据库类型：系统数据库、用户数据库。

② 数据库文件及文件组：主数据文件、次要数据文件、日志文件、文件组。

③ SQL 语言：DDL 语言、DML 语言、DCL 语言、DQL 语言、TCL 语言。

④ SQL 语法格式：创建数据库及管理数据库等各种操作的 SQL 语法格式。

2. 关键技能

① 使用 SSMS 工具和 SQL 语句创建数据库。

② 使用 SSMS 工具和 SQL 语句查看数据库属性。

③ 使用 SSMS 工具和 SQL 语句重新命名数据库。

④ 使用 SSMS 工具和 SQL 语句修改数据库属性。

⑤ 使用 SSMS 工具导入与导出数据库。

⑥ 使用 SSMS 工具和 SQL 语句对数据库进行脱机与联机操作。

⑦ 使用 SSMS 工具和 SQL 语句分离与附加数据库。

⑧ 使用 SSMS 工具和 SQL 语句扩充与收缩数据库。

⑨ 使用 SSMS 工具中的数据库复制向导进行数据库的复制。

⑩ 使用 SSMS 工具和 SQL 语句删除数据库。

# 拓 展 训 练

## 1. 知识训练

（1）填空题

① 在 SQL Server 数据库系统中，数据库类型可分为系统数据库和_____。

② 在 SQL Server 数据库系统中，系统数据库有_____、_____、_____和 Resource。

③ SQL Server 数据库文件有 3 种，分别是_____、_____和_____，其扩展名分别是_____、_____和_____。其中，_____和_____两个数据库文件，是在创建数据库时系统自动为数据库创建的。

④ SQL 即结构化查询语言，它是为查询和管理关系型数据库管理系统中的数据而专门设计的一种标准语言。其包含 5 种不同类型的 SQL 语言，除了 DQL 语言、TCL 语言外，还有_____、_____和_____。

⑤ 创建数据库、修改数据库和删除数据库的 SQL 语句分别是_____、_____和_____。

⑥ _____和_____不仅可以实现数据的转移，同时也能实现数据格式的转换。

（2）选择题

① （　　）数据库记录 SQL Server 系统的所有系统级信息，包括实例范围的元数据（例如登录账户）、端点、链接服务器和系统配置设置等。

    A. master　　　　B. tempdb　　　　C. msdb　　　　　D. model

② SQL Server 代理使用（　　）数据库来计划警报和作业。

    A. master　　　　B. tempdb　　　　C. msdb　　　　　D. model

③ 在数据库文件中，（　　）包含恢复数据库中的所有事务所需的信息。

    A. 主数据文件　B. 次要数据文件　C. 日志文件　　　D. 文件组

④ 在 SQL Server 数据库中，一个数据库只能包含（　　）主数据文件。

    A. 1 个　　　　　B. 2 个　　　　　C. 0 个　　　　　D. 多个

⑤ 下列关于删除数据库和分离数据库的描述，正确的是（　　）。

    A. 删除数据库和分离数据库的作用是一样的

    B. 删除数据库后，数据库文件都被物理删除

    C. 分离数据库后，数据库文件都被物理删除

    D. 删除数据库后，可以使用数据库附加操作进行恢复

⑥ 在 SQL 语句中，用于修改数据库属性的 SQL 语句是（　　）。

    A. CREATE DATABASE　　　　　　B. ALTER DATABASE

    C. DROP DATABASE　　　　　　　D. MODIFY DATABASE

2. 技能训练

① 使用 SQL 语句创建教学管理系统的数据库 schoolDB，创建过程中，各参数如下：

主数据文件：逻辑名称为 schoolDB，物理文件名称为 schoolDB.mdf，初始大小为 15 MB，自动增长，增量为 3 MB，最大文件大小无限制，存储路径为 E:\school。

日志文件：逻辑名称为 schoolDB_log"，物理文件名称为 shoolDB _log.ldf，初始大小为 10 MB，自动增长，增量为 10%，最大文件大小为 20 MB，存储路径为 E:\school。

② 将 schoolDB 数据库移植到网络中另外一台 SQL Server 数据库服务器中。

③ 创建一个名为 student 的 Excel 表，并添加相应的记录，然后，将此表导入到数据库 schoolDB 中。

④ 将数据库 schoolDB 中的 student 表进行导出，导出文件为平面文件 student.txt。

# 创建与管理数据表

数据表是数据库中的一个重要对象，是其他对象的基础，是具有相同性质及相同描述格式的实体集合，是存放数据库中所有数据的数据库对象。数据在表中的逻辑组织方式与在其他电子表格中相似，都是按行和列的格式组织的。每一行代表一条唯一的记录，每一列代表记录中的一个字段（或属性）。例如，在包含公司员工数据的表中，每一行代表一名员工，各列分别代表该员工的信息，如员工编号、姓名、地址、职位以及家庭电话号码等。

### 教学指导

| 项目分解 | 任务 4-1　创建数据表 |
| --- | --- |
| | 任务 4-2　修改数据表结构 |
| | 任务 4-3　删除数据表 |
| 知识目标 | ① 掌握数据表的结构和组成 |
| | ② 掌握常用的数据类型及其使用方法 |
| | ③ 掌握创建数据表的 SQL 语法格式 |
| | ④ 掌握修改数据表结构的 SQL 语法格式 |
| | ⑤ 掌握删除数据表的 SQL 语法格式 |
| 技能目标 | ① 能够创建数据表 |
| | ② 能够修改数据表结构 |
| | ③ 能够删除数据表 |
| 素养目标 | ① 了解程序设计规范的重要性 |
| | ② 培养职业素养和道德规范 |
| | ③ 培养创新精神、求是精神 |

### 项目提要

根据项目需求，完成"电子商务系统"数据库中数据表的创建和管理工作。实现创建数据表和管理数据表，可以通过两种方法完成：一种是通过 SSMS 工具，以直观、方便的图形化界面完成；另一种通过编写并执行 T-SQL 语句来完成。创建和管理数据表的 SQL 语句是使用 DDL 语言的 CREATE TABLE（创建表）、ALTER TABLE（修改表）、DROP TABLE（删除表）等语句实现。在创建数据表的同时可以定义表的各种约束，也可以在创建数据表之后再定义数据表的各种约束。

任务 4–1 创建数据表

　　创建数据表是数据库管理的重要工作，在创建数据表之前应该先完成数据表的设计，在前面的项目中已经完成了"电子商务系统"各数据表的设计工作，接下来的任务就是完成数据表的创建。

　　数据表的创建和管理工作可以使用 SSMS 工具实现，也可以使用 T-SQL 语句实现。为了顺利使用 SSMS 工具实现数据表的创建和管理工作，需要按如下操作完成相关的设置：在 SSMS 界面，选择"工具"栏菜单，然后单击"选项"，弹出"选项"对话框，选择"设计器"，取消选择"阻止保存要求重新创建表的更改"复选框，如图 4–1 所示。如果选择此复选框，将会导致修改后的数据表无法保存。

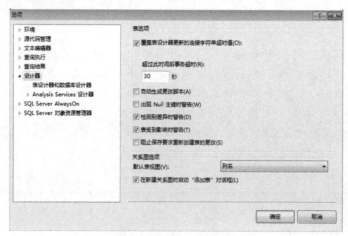

图 4–1　"设计器"的选项设置

1. 任务描述

　　根据前面项目的设计，"电子商务系统"的数据表包括 product、category、supplier、orders、member、empoyee、department 等，各个表的结构如表 4–1 ~ 表 4–7 所示。创建数据表有两种方法：使用 SSMS 工具和 T-SQL 语句。本任务要求使用这两种方法在 eshop 数据库下创建各表。

　　**提醒**：本项目创建数据表时，暂时不创建约束，后续项目将介绍约束的管理。

表 4–1　商品表（表名：product）

| 字 段 名 | 数据类型 | 允许 NULL 值 | 约　　束 | 字 段 说 明 |
|---|---|---|---|---|
| ProID | int | 否 | 主键 | 商品编号 |
| ProName | varchar（30） | 否 | | 商品名称 |
| Stock | int | 是 | | 库存量 |
| SupID | int | 是 | 外键 | 供应商编号，supplier（SupID） |
| UnitPrice | smallmoney | 是 | | 售价 |
| Cost | smallmoney | 是 | | 成本价 |
| Picture | varchar（30） | 是 | | 商品图片 |
| CatID | int | 是 | 外键 | 商品类别编号，category（CatID） |
| OnTime | datetime | 是 | 默认系统时间 | 上架时间 |

表 4-2　商品类别表（表名：category）

| 字　段　名 | 数 据 类 型 | 允许 NULL 值 | 约　　束 | 字　段　说　明 |
|---|---|---|---|---|
| CatID | int | 否 | 主键 | 商品类别编号 |
| CatName | varchar（30） | 否 | | 商品类别名称 |
| Describe | text | 是 | | 商品类别描述 |

表 4-3　供应商表（表名：supplier）

| 字　段　名 | 数 据 类 型 | 允许 NULL 值 | 约　　束 | 字　段　说　明 |
|---|---|---|---|---|
| SupID | int | 否 | 主键 | 供应商编号 |
| SupName | varchar（30） | 否 | | 供应商名称 |
| Contact | varchar（10） | 是 | | 联系人姓名 |
| Address | varchar（30） | 是 | | 地址 |
| Telephone | varchar（15） | 是 | | 电话 |

表 4-4　订单表（表名：orders）

| 字　段　名 | 数 据 类 型 | 允许 NULL 值 | 约　　束 | 字　段　说　明 |
|---|---|---|---|---|
| OrdID | int | 否 | 主键 | 订单编号 |
| MemID | int | 是 | 外键 | 会员编号，member（MemID） |
| ProID | int | 是 | 外键 | 商品编号，product（ProID） |
| Qty | int | 是 | | 数量 |
| Total | money | 是 | | 总金额 |
| OrderDate | datetime | 是 | 默认系统时间 | 订货日期 |

表 4-5　会员表（表名：member）

| 字　段　名 | 数 据 类 型 | 允许 NULL 值 | 约　　束 | 字　段　说　明 |
|---|---|---|---|---|
| MemID | int | 否 | 主键 | 会员编号 |
| MemName | varchar（30） | 否 | | 会员姓名 |
| Address | varchar（30） | 是 | | 地址 |
| Telephone | varchar（15） | 是 | | 电话 |
| UserName | varchar（30） | 否 | 唯一性 | 会员的用户名 |
| UserPwd | varchar（30） | 否 | | 会员的登录密码 |

表 4-6　员工表（表名：employee）

| 字　段　名 | 数 据 类 型 | 允许 NULL 值 | 约　　束 | 字　段　说　明 |
|---|---|---|---|---|
| EmpID | int | 否 | 主键 | 员工编号 |
| EmpName | varchar（30） | 否 | | 员工姓名 |
| DepID | int | 是 | 外键 | 所属部门编号，department（DepID） |
| Sex | varchar（5） | 是 | 检查约束 | 性别 |
| Telephone | varchar（15） | 是 | | 电话 |
| UserName | varchar（30） | 否 | 唯一性 | 员工的用户名 |
| UserPwd | varchar（30） | 否 | | 员工的用户名密码 |

表 4-7　部门表（表名：department）

| 字　段　名 | 数 据 类 型 | 允许 NULL 值 | 约　　束 | 字　段　说　明 |
|---|---|---|---|---|
| DepID | int | 否 | 主键 | 部门编号 |

续表

| 字　段　名 | 数据类型 | 允许 NULL 值 | 约　　束 | 字　段　说　明 |
|---|---|---|---|---|
| DepName | varchar（30） | 否 | | 部门名称 |
| Manager | int | 是 | 外键 | 部门经理工号，employee（EmpID） |
| PeoTotal | int | 是 | | 部门总人数 |

### 2. 任务实现

### （1）使用 SSMS 工具创建表

以创建商品表 product 为例，介绍如何使用 SSMS 工具创建表。

● Step1：打开 SSMS 窗口，在"对象资源管理器"中，连接到 SQL Server 数据库引擎实例，然后展开该实例。

● Step2：依次展开"数据库"→"eshop"，右击"表"，选择"新建"→"表"命令，如图 4-2 所示。打开表设计器界面，如图 4-3 所示。

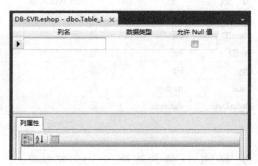

图 4-2　"对象资源管理"中新建表　　　　　　　图 4-3　表设计器

● Step3：在"列名"中输入 ProID，"数据类型"中选择 int，不选择"允许 Null 值"复选框，如图 4-4 所示。

按照同样的方法，根据表 4-1 所示商品表的要求，编辑其他各列，如图 4-5 所示。

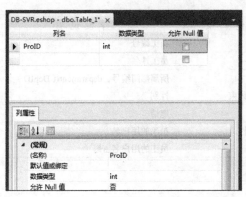

图 4-4　表设计器中编辑列　　　　　　　图 4-5　表设计器中编辑 product 表结构

◉ Step4：在工具栏中单击"保存"按钮 ![]或者选择
"文件"→"保存"命令来保存已经编辑好的表结构信息，
输入表名称 product，单击"确定"按钮，如图 4-6 所示，
即完成表的创建。同时，在"对象资源管理器"中的"数
据库"→eshop→"表"结点下，可以查看到刚才创建的
表 product。如果没看到，先刷新"表"结点。

图 4-6　输入表名称

按照步骤 Step1～Step4 完成表 category、supplier、orders、member、employee、department
的创建。

（2）使用 T-SQL 方式创建表

在查询编辑器中，输入并执行下列 SQL 语句创建数据表 product。

```
USE eshop                              -- 打开数据库 eshop
GO
IF EXISTS(SELECT * FROM sysobjects WHERE name='product')
DROP TABLE product                     -- 检查 product 是否已经存在，如果存在，则删除
GO
CREATE TABLE product                   -- 表名为 product
(
    ProID int NOT NULL,                -- 商品编号
    ProName varchar(30) NOT NULL,      -- 商品名称
    stock int NULL,                    -- 库存量
    SupID int NOT NULL,                -- 供应商编号
    UnitPrice smallmoney NULL,         -- 单价
    Cost smallmoney NULL,              -- 成本价
    Picture varchar(30) NULL,          -- 商品图片
    CatID int NOT NULL,                -- 商品类别编号
    OnTime datetime NULL               -- 上架时间
)
```

同样，使用 CREATE TABLE 语句可创建表 category、supplier、orders、member、employee、
department 等。

# 📱 任务 4-2　修改数据表结构

对于已经存在的数据表，根据某些特殊的应用需求，可能需要修改表的某些结构，如更改、
添加或删除列或约束等。

1. 任务描述

以数据表 product 为例，分别使用 SSMS 工具和 T-SQL 方式对已经创建的 product 进行如
下修改：

① 添加一列，列名为 ProduceDate 的生产日期，数据类型为 smalldatetime，允许为空。

② 修改 ProduceDate 列的数据类型为 datetime。

③ 删除 ProduceDate 列。

2. 任务实现

（1）使用 SSMS 工具修改表结构

◉ Step1：打开 SSMS 窗口，在"对象资源管理器"中连接到 SQL Server 数据库引擎实例，

然后展开该实例。

● Step2：依次展开"数据库"→"eshop"→"表"，右击 dbo.product，选择"设计"命令，如图 4-7 所示。打开表设计器，如图 4-8 所示。

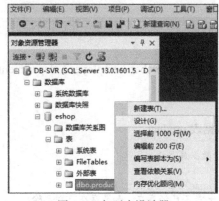

图 4-7　打开表设计器

图 4-8　表设计器界面

● Step3：在表设计器界面的最后一行添加列名为 ProduceDate，数据类型选择 smalldatetime，选中"允许 Null 值"复选框，如图 4-9 所示。也可以在某"列名"前添加新的列名，如选择 OnTime，右击，选择"插入列"命令（见图 4-10），将在 OnTime 前添加新的列名，然后，在列名栏中输入 ProduceDate，数据类型栏中选择 smalldatetime，选中"允许 Null 值"复选框。

图 4-9　在表设计器中添加列

图 4-10　在表设计器中插入列

● Step4：添加列后，在工具栏中单击"保存"按钮或者选择"文件"→"保存"命令保存已经修改好的表结构信息。

● Step5：修改 ProduceDate 列的数据类型为 datetime。在表设计器中选择 ProduceDate 列，单击其"数据类型"栏，可在下拉列表中选择 datetime，如图 4-11 所示。然后，在工具栏中单击"保存"按钮或者选择"文件"→"保存"命令保存已经修改好的表的结构信息。

● Step6：删除 ProduceDate 列：在表设计器中选择 ProduceDate 列，右击，选择"删除列"命令（或按【Delete】键）（见图 4-12），将把 ProduceDate 删除。然后，在工具栏中单击"保存"按钮或者选择"文件"→"保存"命令保存已经修改好的表结构信息。

图 4-11　在表设计器中修改数据类型　　　　　图 4-12　在表设计器中删除列

提醒：修改数据表结构信息后，一定选择"保存"命令，这样才能保存修改后的结构信息，否则，表的结构信息仍然是修改前的结构。

（2）使用 T-SQL 方式修改表结构

在查询编辑器中，输入并执行下列 SQL 语句修改数据表 product 结构。

① 在 product 表中添加 ProduceDate 列，数据类型为 smalldatetime，允许为空值。

```
USE eshop                                           -- 打开数据库 eshop
GO
ALTER TABLE product ADD ProduceDate SMALLDATETIME NULL  -- 添加 ProduceDate 列
```

② 在 product 表中修改 ProduceDate 列的数据类型为 datetime。

```
USE eshop                                           -- 打开数据库 eshop
GO
ALTER TABLE product ALTER COLUMN ProduceDate DATETIME
-- 修改 ProduceDate 列数据类型
```

③ 在 product 表中删除 ProduceDate 列

```
USE eshop                                           -- 打开数据库 eshop
GO
ALTER TABLE product DROP COLUMN ProduceDate         -- 删除 ProduceDate 列
```

## 任务 4-3　删除数据表

当数据表及表中的数据不再需要时，可以把这个数据表删除。当把数据表删除时，表中的数据也将被一同删除。删除后无法修复，除非已做数据备份，因此删除之前请谨慎考虑。

**1. 任务描述**

以数据表 product 为例，分别使用 SSMS 工具和 T-SQL 方式对已经创建的 product 进行删除。

**2. 任务实现**

**（1）使用 SSMS 工具删除表**

● Step1：打开 SSMS 窗口，在"对象资源管理器"中，连接到 SQL Server 数据库引擎实例，然后展开该实例。

● Step2：依次展开"数据库"→"eshop"→"表"，右击 dbo.product，选择"删除"命令（见图 4-13），弹出"删除对象"界面，如图 4-14 所示。

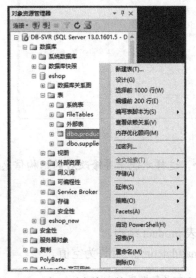

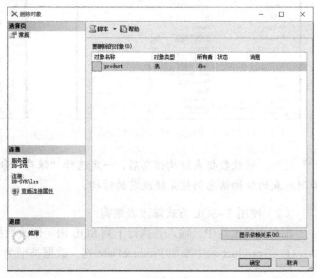

图 4-13　在"对象资源管理器"中删除表　　　　图 4-14　"删除对象"界面

● Step3：单击"确定"按钮，完成表的删除。

**（2）使用 T-SQL 方式删除表**

在查询编辑器中，输入并执行下列 SQL 语句删除数据表 product。

```
USE eshop                                    -- 打开数据库 eshop
GO
DROP TABLE product                           -- 删除 product 表
```

**提醒：** 在删除表时，不但把表结构和表中的数据物理性地删除了，而且如果现有查询、视图、用户定义函数、存储过程或程序引用该表，删除操作将使这些对象无效。因此，删除表之前一定要慎重考虑。

项 目 总 结

本项目详细介绍了如何使用 SSMS 工具和使用 T-SQL 语句创建和管理数据表的实践操作。涉及的关键知识和关键技能如下：

1. 关键知识

① CREATE TABLE 语句的作用与语法格式。

② ALTER TABLE 语句的作用与语法格式。

③ DROP TABLE 语句的作用与语法格式。

④ 创建表、修改表结构的操作中，各名称和参数定义时的注意事项和限制条件。

2. 关键技能

① 使用 SSMS 工具创建表、在表中添加列、修改列的数据类型、删除列，以及删除表。

② 使用 T-SQL 语句创建表、在表中添加列、修改列的数据类型、删除列，以及删除表。

## 拓 展 训 练

1. 知识训练

（1）填空题

① 在 T-SQL 语句中，使用_____语句创建表，使用_____语句修改表，使用_____语句删除表。

② 在 SQL Server 中表名称最多可以包含_____个字符，列名称最多可以包含_____个字符。

③ 在创建表时，采用 IDENTITY 关键字的含义是_____。在使用 IDENTITY 时，seed 值是指_____，increment 值是指_____。

④ SQL Server 系统支持的整型数据类型包括 bigint、_____、_____和 tinyint。

⑤ SQL Server 系统支持的货币数据类型包括_____和_____。

⑥ 主键约束可以在创建表时创建，也可以在创建完表之后再创建，一个表最多只能创建_____个主键约束。

（2）选择题

① 要在数据库中创建一个表时，使用下列（　　）SQL 语句可以实现。

　　A. CREATE DATABASE　　　　　　B. ALTER TABLE

　　C. DROP TABLE　　　　　　　　　D. CREATE TABLE

② 当需要把数据表中某列的数据类型由 int 修改为 decimal 时，使用下列（　　）SQL 语句可以实现。

　　A. CREATE DATABASE　　　　　　B. ALTER TABLE

　　C. DROP TABLE　　　　　　　　　D. CREATE TABLE

③ 下列 SQL 语句中，（　　）能够实现删除数据表中的某一列。

　　A. CREATE DATABASE　　　　　　B. DROP TABLE

　　C. ALTER TABLE　　　　　　　　　D. DELETE TABLE

④ 下列各数据类型中，不能够存储整数 258 的是（　　）。

　　A. tinyint　　　B. int　　　　　C. smallint　　　　D. bigint

⑤ 在创建数据表时，某列希望用来存放"工资"，则该列的数据类型最佳选用（　　）。

　　A. int　　　　B. decimal　　　C. smallmoney　　　D. varchar

⑥ 在创建数据表时，某列需要设置为标识列，则该列的数据类型不能选用（　　）。

　　A. int　　　　　　B. char　　　　　　C. smallint　　　　　　D. decimal(5,0)

## 2. 技能训练

针对"教学管理系统"，其数据库为 schoolDB，学生表 student 结构如表 4-8 所示。

表 4-8　学生表（表名：student）

| 字 段 名 | 数 据 类 型 | 允许 NULL 值 | 约　　束 | 字 段 说 明 |
| --- | --- | --- | --- | --- |
| StuID | int | 否 | 主键、标识列 | 学号 |
| StuName | varchar(20) | 否 | | 学生姓名 |
| Sex | char(2) | 是 | | 性别 |
| Birthday | datetime | 是 | | 出生日期 |
| Address | varchar(50) | 是 | | 地址 |
| Major | varchar(20) | 是 | | 专业 |
| ClassID | int | 是 | 外键 | 班级编号 |

　　使用 T-SQL 语句完成如下任务：

　　① 根据表 4-8 创建学生表 student（注：暂不定义主键、外键）。

　　② 添加一列（籍贯）：列名，NatPlace；数据类型及长度，char(20)；允许为空。

　　③ 修改籍贯列 NatPlace 的数据类型为 varchar(20)。

　　④ 删除籍贯列 NatPlace。

# 数据约束管理

数据约束是基于业务逻辑，为了实现数据的完整性而实现的。数据的完整性是指数据的正确性和一致性，如商品编号必须是唯一的，员工的性别必须是男或女，商品所属的类别必须是已存在的类别等。在创建表时可以定义完整性约束，也可以在表创建完成后，再为表定义完整性约束。数据的约束类型有主键约束、外键约束、检查约束、唯一约束和默认约束。完整性约束是一种规则，不单独占用数据库的空间，约束的定义保存在数据字典中，对约束可以进行创建、修改、删除、启用和禁用等操作。

### 教学指导

| | |
|---|---|
| 项目分解 | 任务 5-1　主键约束的定义与维护 |
| | 任务 5-2　外键约束的定义与维护 |
| | 任务 5-3　唯一约束的定义与维护 |
| | 任务 5-4　检查约束的定义与维护 |
| | 任务 5-5　默认约束的定义与维护 |
| | 任务 5-6　创建关系图 |
| 知识目标 | ①理解主键约束的内涵和作用 |
| | ②理解外键约束的内涵和作用 |
| | ③理解唯一约束的内涵和作用 |
| | ④理解检查约束的内涵和作用 |
| | ⑤理解默认约束的内涵和作用 |
| | ⑥理解关系图的作用，能够从关系图中理解各数据表之间的关系 |
| 技能目标 | ①能够定义和维护主键约束 |
| | ②能够定义和维护外键约束 |
| | ③能够定义和维护唯一约束 |
| | ④能够定义和维护检查约束 |
| | ⑤能够定义和维护默认约束 |
| | ⑥能够创建关系图 |
| 素养目标 | ①培养学生树立科学精神 |
| | ②理解行业规范和规则 |
| | ③培养学生工匠精神 |

项目提要

　　根据项目需求，完成"电子商务系统"的数据库中各数据表约束定义。实现约束的定义，可以通过两种方法完成：一种是通过 SQL Server Management Studio 工具，以直观、方便的图形化界面完成；另一种通过编写并执行 T-SQL 语句完成。"电子商务系统"的各数据表的约束设计如项目 4 的表 4-1 ～ 表 4-7 所示。本项目以 product 表、employee 表为例介绍主键约束、外键约束、唯一约束、检查约束和默认约束等 5 种主要约束的管理操作，其他数据表的约束管理，读者可参照这些任务的操作，自行完成。

## 任务 5–1　主键约束的定义与维护

　　在数据表中，通常应具有能唯一标识表中每一行记录的一列或一组列。这样的一列或多列称为表的主键（Primary Key，PK），用于实现表的实体完整性。主键约束确保在特定列中不会输入重复值，并且这些列中也不会为空值。除实现实体完整性外，也可以使用主键约束实现唯一性。一个表只能有一个主键。主键可以由一列构成，也可以由几列组成，如果主键由一列以上组成（称为复合主键），则其中某一列可以允许重复值，但是主键中所有列的值的每种组合必须是唯一的。

### 1. 任务描述

　　根据表 4-1 所示 product 表的设计，ProID（产品编号）列是能唯一标识表中每一行记录的最佳选择，因此，可以定义 ProID 列为 product 表的主键。本任务要求使用 SSMS 工具和 T-SQL 语句两种方法完成已创建的 product 表的主键定义和删除，主键约束的名词为 PK_product。

### 2. 任务实现

（1）使用 SSMS 工具定义和删除主键

① 定义主键：

　　● Step1：打开 SSMS 窗口，在"对象资源管理器"中，连接到 SQL Server 数据库引擎实例，然后展开该实例。

　　● Step2：依次展开"数据库"→"eshop"→"表"，右击 dbo.product，选择"设计"命令，如图 5–1 所示。打开表设计器，如图 5–2 所示。

图 5–1　打开表设计器　　　　　　　　　　图 5–2　"表设计器"界面

　　● Step3：在"表设计器"中，右击 ProID 的行选择器，如图 5–3 所示。（若要定义包含多个列的复合主键，则在单击其他列的行选择器时按住【Ctrl】键。）然后，选择"设置主键"命令，即可完成主键的设置，该列的前面出现图标 ⚷，如图 5–4 所示。

图 5-3  设置主键

图 5-4  完成主键设置

▶ Step4：单击工具栏中的"保存"按钮■或者选择"文件"→"保存"命令保存主键的设置。同时，也可在"对象资源管理器"中查看到已经定义好的主键，依次展开"数据库"→"eshop"→"表"→dbo. product→"键"，即可看到刚才定义好的主键PK_ product，如图 5-5 所示。

提醒：定义主键的列不允许为空值。

② 删除主键。使用 SSMS 工具删除主键可以在表设计器中删除，也可以在对象资源管理器中删除。

在"表设计器"中删除主键，操作步骤如下：

▶ Step1：打开"表设计器"，右击包含主键的行，（见图 5-6），选择"删除主键"命令，结果如图 5-7 所示。

图 5-5  在"对象资源管理器"中查看主键

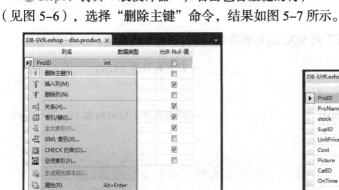

图 5-6  "表设计器"删除主键对话框

图 5-7  "表设计器"删除主键后的结果

▶ Step2：单击工具栏中的"保存"按钮■或者选择"文件"→"保存"命令来保存删除主键后的表的结构信息。

在"对象资源管理器中"删除主键，操作步骤如下：

▶ Step1：打开"对象资源管理器"，依次展开"数据库"→"eshop"→"表"→product →"键"。

▶ Step2：右击 PK_product，选择"删除"命令（见图 5-8），打开"删除对象"对话框，如图 5-9 所示。

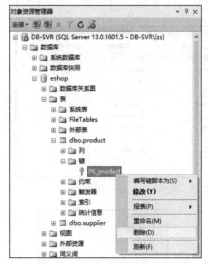

图 5-8　在"对象资源管理器"中删除主键　　　　　　　　图 5-9　"删除对象"对话框

◐ Step3：在"删除对象"对话框中，单击"确定"按钮，完成主键的删除。

（2）使用 T-SQL 方式定义和删除主键

在查询编辑器中，输入并执行下列 SQL 语句创建数据表 product 的主键。

① 定义主键：

```
USE eshop                                          -- 打开数据库 eshop
GO
ALTER TABLE product
ADD CONSTRAINT PK_product PRIMARY KEY (ProID)       -- 将表中 ProID 列设为主键
```

② 删除主键：

在查询编辑器中，输入并执行下列 SQL 语句删除数据表 product 的主键。

```
USE eshop                                          -- 打开数据库 eshop
GO
ALTER TABLE product
DROP CONSTRAINT PK_product                          -- 删除表中主键的约束 PK_product
```

## 任务 5-2　外键约束的定义与维护

　　外键（Foreign Key，FK）是用于在两个表中的数据之间建立和加强连接的一列或多列的组合，可控制在外键表中存储的数据。在外键引用中，当一个表的主键值的一个或多个列被另一个表中的一个或多个列引用时，就在这两个表之间创建了连接，这个列就成为第二个表的外键。外键实现了参照完整性（或引用完整性）。例如，在商品表 product 中的列 CatID 和类别表 category 的主键列 CatID 建立外键关系后，则 product 表中 CatID 中的值必须是 category 表中 CatID 中的有效值或者空值（前提是 product 表中 CatID 列允许为空值），不能是其他的无效值。一个表可以定义多个外键约束。

1. 任务描述

根据表 4-1 和表 4-2 的设计，分别使用 SSMS 工具和 T-SQL 语句方式，在 product 表的列 CatID 上，与 Category 表的主键列 CatID 建立外键关系。外键关系名为 FK_product_category。

2. 任务实现

（1）使用 SSMS 工具定义和删除外键

① 定义外键：

● Step1：打开 SSMS 窗口，在"对象资源管理器"中，连接到 SQL Server 数据库引擎实例，然后展开该实例。

● Step2：依次展开"数据库"→eshop→"表"，右击 product，选择"设计"命令，打开表设计器，如图 5-10 所示。

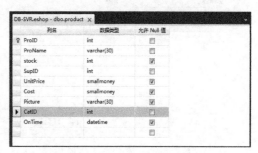
图 5-10　"表设计器"界面

● Step3：单击工具栏中的关系图标，或者右击表设计器中的行选择器，选择"关系"命令（见图 5-11），进入"外键关系"对话框，如图 5-12 所示。

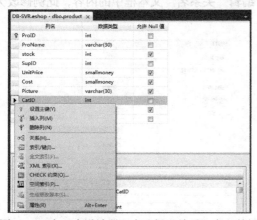
图 5-11　在"表设计器"中选择"关系"定义外键

图 5-12　"外键关系"对话框

● Step4：在"外键关系"对话框中，单击"添加"按钮。在"选定的关系"列表中单击该关系，如图 5-13 所示。

● Step5：单击右侧网格中的"表和列规范"，再单击该属性右侧的按钮（见图 5-14），进入"表和列"对话框，如图 5-15 所示。

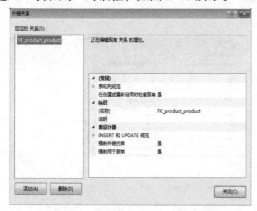
图 5-13　在"外键关系"中添加关系

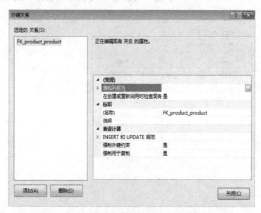
图 5-14　在"外键关系"中选择表和列

● Step6：从"主键表"下拉列表中选择 category，如图 5-16 所示。

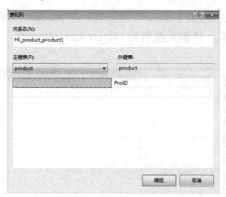

图 5-15　"表和列"对话框

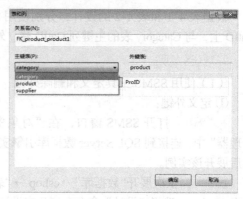

图 5-16　选择主键表

● Step7：在主键表下方的表格中，选择在此表中主键列 CatID，如图 5-17 所示。对应于左侧的每个列，在相邻的网格单元格中选择外键表 product 中相应的外键列 CatID。表设计器为此关系提供一个建议名称，若要更改此名称，可编辑"关系名"文本框中的内容，此例修改为 FK_product_category，如图 5-18 所示。

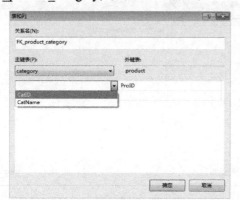

图 5-17　选择主键列

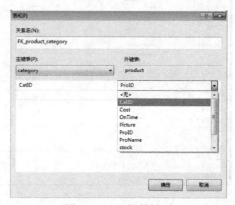

图 5-18　选择外键列

● Step8：完成主键列和外键列的选择后，单击"确定"按钮（见图5-19），返回"外键关系"对话框。

● Step9：单击"关闭"按钮，关闭"外键关系"对话框，如图 5-20 所示。

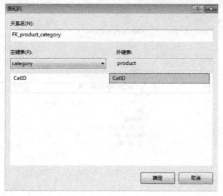

图 5-19　完成主键列和外键列的选择

图 5-20　关闭"外键关系"对话框

● Step10：单击工具栏中的"保存"按钮 🖫 或者选择"文件"→"保存"来保存外键关系的设置。同时，也可以在"对象资源管理器"中查看已经定义好的外键，依次展开"数据库"→"shop"→"表"→"product"→"键"，即可看到刚才定义好的外键 FK_product_category，如图 5-21 所示。

提醒：
● 定义外键约束的列的数据类型须和引用的主键列的数据类型相同。
● 在定义外键约束之前，主键表上必须已经定义了主键。

② 删除外键。可以在表设计器中删除外键，也可以在对象资源管理器中删除外键。
在"表设计器"中删除外键的操作如下：
● Step1：打开"表设计器"，单击工具栏中的关系按钮 🔳，或者右击表设计器中的行选择器，选择"关系"命令，进入"外键关系"对话框，可以看到已经定义好的外键 FK_product_category，如图 5-22 所示。

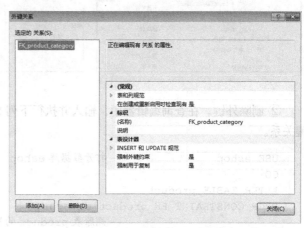

图 5-21　在"对象资源管理器"中查看外键　　　　　图 5-22　"外键关系"对话框

● Step2：在左侧的"选定的关系"栏中，选择 FK_product_category，单击"删除"按钮，并单击"关闭"按钮，关闭"外键关系"对话框。
● Step3：单击工具栏中的"保存"按钮 🖫 或者选择"文件"→"保存"命令保存删除外键后的表的结构信息。
在"对象资源管理器"中删除外键，操作如下：
● Step1：打开"对象资源管理器"，依次展开"数据库"→"eshop"→"表"→"product"→"键"。
● Step2：右击 FK_product_category，选择"删除"命令（见图 5-23），打开"删除对象"对话框，如图 5-24 所示。
● Step3：在"删除对象"对话框中，单击"确定"按钮，完成外键的删除。
（2）使用 T-SQL 方式定义和删除外键
① 定义外键。在查询编辑器中，输入并执行下列 SQL 语句定义 product 表和 category 的外键关系。

```
USE eshop                -- 打开数据库 eshop
GO
ALTER TABLE product
```

```
ADD CONSTRAINT FK_product_category FOREIGN KEY(CatID) REFERENCES
category(CatID)
                -- 在表 product 的 CatID 列上定义与表 category 的外键关系
```

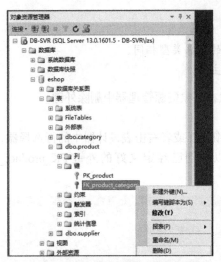

图 5-23 "对象资源管理器"中删除外键　　　　　图 5-24 "删除对象"对话框

② 删除外键。在查询编辑器中，输入并执行下列 SQL 语句删除 product 表和 category 的外键关系。

```
USE eshop              -- 打开数据库 eshop
GO
ALTER TABLE product
DROP CONSTRAINT FK_product_category
                -- 删除表 product 的外键 FK_product_category
```

## 任务 5-3　唯一约束的定义与维护

如果要求数据表中的某列不能输入重复值，有两种约束能达到：一种主键约束，即这列是表的主键；另一种约束则是唯一约束，对于不是主键的列，唯一约束能确保不会输入重复值。例如，在 member 表中 MemID 列是主键，则可以确保 MemID 列不能输入重复值。如果要求 member 表中用户名（UserName）列输入的值唯一，则需要在 member 表中定义针对 UserName 列的唯一约束。

1. 任务描述

根据表 4-5 所示 member 表的设计，使用 SSMS 工具和 T-SQL 语句方式完成已创建的 member 表 UserName 列的唯一约束的定义和删除。唯一约束的名称为 UQ_member_UserName。

2. 任务实现

（1）使用 SSMS 工具定义和删除唯一约束

① 定义唯一约束：

● Step1：打开 SSMS 窗口，在"对象资源管理器"中，连接到 SQL Server 数据库引擎实例，然后展开该实例。

🔹 Step2：依次展开"数据库"→ eshop →"表"，右击 member，选择"设计"命令，打开表设计器，如图 5-25 所示。

图 5-25　member 表设计器界面

🔹 Step3：单击工具栏中的"管理索引和键"📇按钮，或者在表设计器中右击，选择"索引 / 键"命令（见图 5-26），打开"索引 / 键"对话框，如图 5-27 所示。

 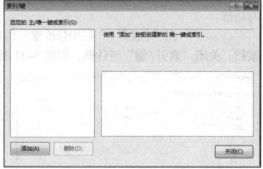

图 5-26　在"member 表设计器"中选择"索引 / 键"　　图 5-27　"索引 / 键"对话框

🔹 Step4：在"索引 / 键"对话框中，单击"添加"按钮。然后，在"选定的主 / 唯一键或索引"列表中单击该关系，如图 5-28 所示。

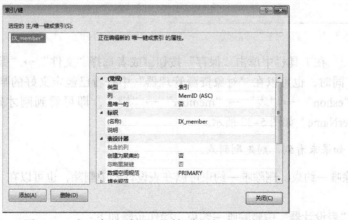

图 5-28　在"索引 / 键"对话框中添加唯一关系

🔹 Step5：单击右侧窗格中的"类型"，再单击该属性右侧下拉列表按钮▾，选择"唯一键"，如图 5-29 所示。

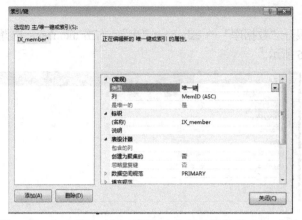

图 5-29　在"索引 / 键"对话框中选择关系类型"唯一键"

● Step6：单击右侧窗格中的"列"，再单击该属性右侧的⋯按钮，打开"索引列"对话框。从"列名"下拉列表中选择 UserName（见图 5-30），然后单击"确定"按钮，返回"索引 / 键"对话框。

● Step7：在"（名称）"栏中修改唯一约束的名称为 UQ_member_UserName，单击"关闭"按钮，关闭"索引 / 键"对话框，如图 5-31 所示。

图 5-30　"索引列"对话框

图 5-31　修改唯一约束的名称

● Step8：在工具栏中单击"保存"按钮█或者选择"文件"→"保存"命令保存唯一约束的设置。同时，也可以在"对象资源管理器"中查看已经定义好的唯一键，依次展开"数据库"→"eshop"→"表"→"member"→"键"，即可看到刚才定义好的唯一键 UQ_member_UserName，如图 5-32 所示。

提醒：如果未看到，则先刷新表。

② 删除唯一约束。删除唯一约束可以在表设计器中删除，也可以在"对象资源管理器"中删除。

a. 在"表设计器"中删除唯一约束，操作步骤如下：

● Step1：打开"表设计器"，单击工具栏中的"管理索引和键"按钮█，或者右击"表设计器"中的行选择器，选择"索引 / 键"命令，打开"索引 / 键"对话框，可以看到已经定义好的唯一键 UQ_member_UserName，如图 5-33 所示。

图 5-32  在"对象资源管理器"中查看唯一键          图 5-33  "索引 / 键"对话框

▶ Step2：在左侧的"选定的主 / 唯一键或索引"栏中，选中 UQ_member_UserName，单击"删除"按钮，再单击"关闭"按钮，关闭"外键关系"对话框。

▶ Step3：在工具栏中单击"保存"按钮 或者选择"文件"菜单中的"保存"来保存删除唯一键后的表的结构信息。

b. 在"对象资源管理器"中删除唯一约束，操作步骤如下：

▶ Step1：打开"对象资源管理器"，依次展开"数据库"→"eshop"→"表"→ member →"键"。

▶ Step2：右击 UQ_member_UserName，选择"删除"命令（见图 5-34），打开"删除对象"对话框，如图 5-35 所示。

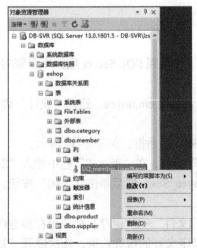

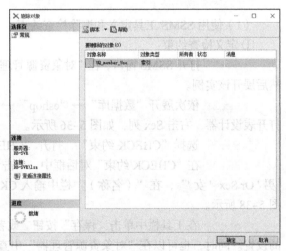

图 5-34  在"对象资源管理器"中删除唯一键          图 5-35  "删除对象"对话框

▶ Step3：在"删除对象"对话框中，单击"确定"按钮，完成唯一键的删除。

（2）使用 T-SQL 方式定义和删除唯一约束

① 定义唯一约束。在查询编辑器中，输入并执行下列 SQL 语句定义 member 表 UserName 列的唯一约束。

```
USE eshop                          -- 打开数据库 eshop
GO
```

```
ALTER TABLE member
ADD CONSTRAINT UQ_member_UserNameUNIQUE(UserName)
-- 在 member 表 UserName 列定义唯一约束
```

② 删除唯一约束。在查询编辑器中，输入并执行下列 SQL 语句删除 member 表中 UserName 列的唯一约束。

```
USE eshop                              -- 打开数据库 eshop
GO
ALTER TABLE member
DROP CONSTRAINT UQ_member_UserName     -- 删除 member 表中 UserName 列的唯一约束
```

## 任务 5-4　检查约束的定义与维护

检查约束用于指定表内一列或多列中可以接受的数据值或格式。例如，性别只能输入"男"或"女"；商品上架时间不能迟于系统当前日期；邮政编码只能是六位数字。这些要求都可以通过对表中的列设置检查约束来实现。

### 1. 任务描述

根据表 4-6 所示 employee 表的设计，使用 SSMS 工具和 T-SQL 语句方式完成已创建的 employee 表 Sex 列的检查约束的创建和删除，Sex 列输入的值只能是"男"或"女"。检查约束的名称为 CK_employee_Sex。

### 2. 任务实现

（1）使用 SSMS 工具定义和删除检查约束

① 定义检查约束：

● Step1：打开 SSMS 窗口，在"对象资源管理器"中，连接到 SQL Server 数据库引擎实例，然后展开该实例。

● Step2：依次展开"数据库"→"eshop"→"表"，右击 employee，选择"设计"命令，打开表设计器，右击 Sex 列，如图 5-36 所示。

● Step3：选择"CHECK 约束"，打开"CHECK 约束"对话框，如图 5-37 所示。

● Step4：在"CHECK 约束"对话框中，单击"添加"按钮，在"表达式"栏中输入"Sex='男'Or Sex='女'"，在"（名称）"栏中输入 CK_employee_Sex，然后单击"关闭"按钮，如图 5-38 所示。

● Step5：在工具栏中单击"保存"按钮■或者选择"文件"→"保存"命令保存检查约束的设置。同时，也可以在"对象资源管理器"中查看已经定义好的检查约束，依次展开"数据库"→"eshop"→"表"→"employee"→"约束"，即可看到刚才定义好的检查约束 CK_employee_Sex，如图 5-39 所示。

提醒：如果未看到，则先刷新表。

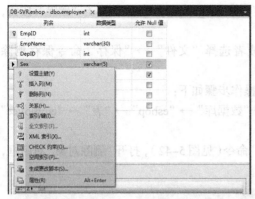

图 5-36 "employee 表设计器"界面

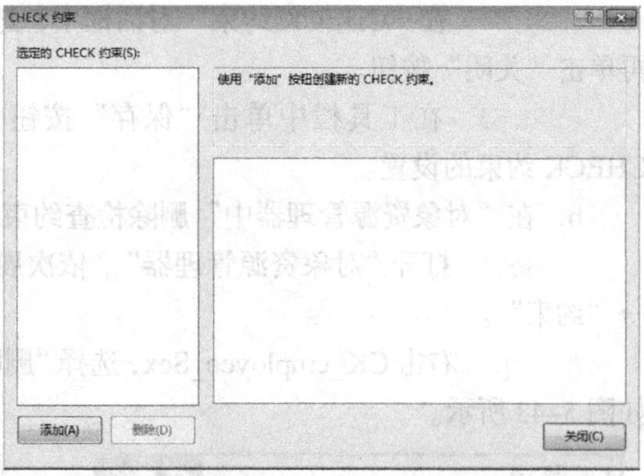

图 5-37 "CHECK 约束"对话框

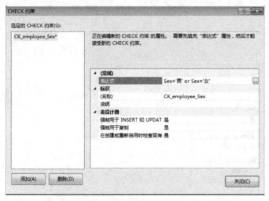

图 5-38 在"CHECK 约束"对话框中
添加 CHECK 约束

图 5-39 在"对象资源管理器"中
查看检查约束

② 删除检查约束。删除检查约束可以在表设计器中删除，也可以在"对象资源管理器"中删除。

a. 在"表设计器"中删除检查约束，操作步骤如下：

● Step1：打开 SSMS 窗口，在"对象资源管理器"中，连接到 SQL Server 数据库引擎实例，然后展开该实例。

● Step2：依次展开"数据库"→"eshop"→"表"，右击 employee，选择"设计"命令，打开"表设计器"，右击 Sex 列，如图 5-40 所示。

● Step3：选择"CHECK 约束"命令，打开"CHECK 约束"对话框，如图 5-41 所示。

图 5-40 employee 表设计器界面

图 5-41 "CHECK 约束"对话框

◐ Step4：在"CHECK 约束"对话框中，选定约束 CK_employee_Sex，单击"删除"按钮，再单击"关闭"按钮。

◐ Step5：在工具栏中单击"保存"按钮🖫或者选择"文件"→"保存"命令保存删除 CHECK 约束的设置。

b．在"对象资源管理器中"删除检查约束，操作步骤如下：

◐ Step1：打开"对象资源管理器"，依次展开"数据库"→"eshop"→"表"→"employee"→"约束"。

◐ Step2：右击 CK_employee_Sex，选择"删除"命令（见图 5-42），打开"删除对象"对话框，如图 5-43 所示。

图 5-42　"对象资源管理器"中删除检查约束

图 5-43　"删除对象"对话框

◐ Step3：在"删除对象"对话框中，单击"确定"按钮，完成检查约束的删除。

（2）使用 T-SQL 方式定义和删除检查约束

① 定义检查约束。在查询编辑器中，输入并执行下列 SQL 语句定义 employee 表 Sex 列的检查约束。

```
USE eshop                              -- 打开数据库 eshop
GO
ALTER TABLE employee
ADD CONSTRAINT CK_employee_Sex CHECK(Sex='男' or Sex='女')
                                       -- 在 employee 表中的 Sex 列定义检查约束
```

② 删除检查约束。在查询编辑器中，输入并执行下列 SQL 语句删除 employee 表的 Sex 列的检查约束。

```
USE eshop                              -- 打开数据库 eshop
GO
ALTER TABLE employee
DROP CONSTRAINT CK_employee_Sex        -- 删除 employee 表中 Sex 列的检查约束
```

## 任务 5-5　默认约束的定义与维护

默认约束（也称默认值约束）就是在数据表中为某列定义一个值，当用户没有为这列输入值时，则将所定义的值自动提供给这一列。例如，为 employee 表中的 Sex 列设置默认值"男"，则在输入员工信息时，如果没有输入性别时，则此员工的性别默认为"男"。例如，为 product 表的 OnTime 列（上架时间）设置默认值为当前系统日期，在输入商品数据时，如果没有输入具体的上架时间，则上架时间为当前的系统日期。

### 1. 任务描述

根据表 4-1 所示 product 表的设计，为 product 表的 OnTime 列（上架时间）设置默认值为当前系统日期，使得在输入商品数据时，如果没有输入具体的上架时间，则上架时间为当前的系统日期。使用 SSMS 工具和 T-SQL 语句方式完成该默认值的定义和删除，默认约束的名称为 DF_product_OnTime。

### 2. 任务实现

（1）使用 SSMS 工具定义和删除默认约束

① 定义默认约束：

◉ Step1：打开 SSMS 窗口，在"对象资源管理器"中，连接到 SQL Server 数据库引擎实例，然后展开该实例。

◉ Step2：依次展开"数据库"→"eshop"→"表"，右击 product，选择"设计"命令，打开表设计器，选择 OnTime 列，在下面的列属性框中的"默认值或绑定"栏中输入 getdate() 系统函数即可，如图 5-44 所示。

◉ Step3：单击工具栏中的"保存"按钮█或者选择"文件"→"保存"命令保存默认值的设置。同时，也可以在"对象资源管理器"中查看已经定义好的默认约束，依次展开"数据库"→"eshop"→"表"→"product"→"约束"，即可看到刚才定义好的默认约束 DF_product_OnTime，如图 5-45 所示。

提醒：如未看到，则先刷新表。

图 5-44　"product 表设计器"设置列属性的界面（一）　图 5-45　在"对象资源管理器"中查看默认约束

②　删除默认约束。删除默认约束可以在表设计器中删除，也可以在"对象资源管理器"中删除。在"表设计器"中删除默认约束，操作步骤如下：

● Step1：打开 SSMS 窗口，在"对象资源管理器"中，连接到 SQL Server 数据库引擎实例，然后展开该实例。

● Step2：依次展开"数据库"→"eshop"→"表"，右击 product，选择"设计"命令，打开表设计器，选择 OnTime 列，在下面列属性框中的"默认值或绑定"栏中删除 getdate() 系统函数即可，如图 5-46 所示。

● Step3：单击工具栏中的"保存"按钮■或者选择"文件"→"保存"命令保存删除默认约束后的表的结构信息。

在"对象资源管理器中"删除默认约束，操作步骤如下：

● Step1：打开"对象资源管理器"，依次展开"数据库"→"eshop"→"表"→"product"→"约束"。

● Step2：右击 DF_product_OnTime，选择"删除"命令（见图 5-47），打开"删除对象"对话框，如图 5-48 所示。

图 5-46　"product 表设计器"设置列属性的界面（二）　图 5-47　在"对象资源管理器"中删除默认约束

图 5-48　"删除对象"对话框

▶ Step3：在"删除对象"对话框中单击"确定"按钮，完成默认约束的删除。

（2）使用 T-SQL 方式设置默认值约束和删除默认值约束

① 定义默认值约束。在查询编辑器中，输入并执行下列 SQL 语句设置 product 表 OnTime 列的默认值。

```
USE eshop                                    -- 打开数据库 eshop
GO
ALTER TABLE product
ADD CONSTRAINT DF_product_OnTime Default getdate() for OnTime
                                -- 在 product 表 OnTime 列设置默认值
```

② 删除默认值约束。在查询编辑器中，输入并执行下列 SQL 语句删除 product 表 OnTime 列的默认值。

```
USE eshop                                    -- 打开数据库 eshop
GO
ALTER TABLE product
DROP CONSTRAINT DF_product_OnTime   -- 删除 product 表 OnTime 列的默认值
```

# 任务 5-6　创建关系图

数据库关系图以图形方式，直观地显示数据库的结构。使用数据库关系图可以创建和修改表、列、键，以及表之间的依赖关系。此外，还可以修改索引和约束。

### 1. 任务描述

以 product 表、category 表、supplier 表为例，查看、创建表之间的外键关系。

### 2. 任务实现

▶ Step1：打开 SSMS 窗口，在"对象资源管理器"中，连接到 SQL Server 数据库引擎实例，然后展开该实例。

▶ Step2：依次展开"数据库"→"eshop"→"数据库关系图"，右击"数据库关系图"，如图 5-49 所示。

▶ Step3：选择"新建数据库关系图"命令，进入"添加表"对话框，选择需要构建关系图的表，可以一次选择一个表或同时选择多个表（例如，要选择表 product 和表 supplier，按住【Ctrl】键，再单击需选择的表），当然，也可以在后续操作中再添加不同的表，如图 5-50 所示。

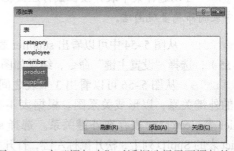

图 5-49　新建"数据库关系图"　　　　　图 5-50　在"添加表"对话框选择需要添加的表

● Step4：单击"添加"按钮，添加所选择的表，结果图 5-51 所示。

● Step5：如果还需要添加表，则重复 Step4 的步骤完成所需要添加的表，然后单击"关闭"按钮，进入数据库关系图界面，如图 5-52 所示。

图 5-51　在"添加表"对话框完成需要添加的表　　　　图 5-52　数据库关系图界面

● Step6：在"数据库关系图"界面，不仅可以再次为关系图添加表，还可以为数据库创建新的表，在界面的空白处右击，即可选择相应的操作，如图 5-53 所示。

● Step7：选择"添加表"命令，打开"添加表"对话框，选择 category 表进行添加，结果如图 5-54 所示。

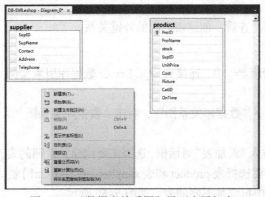
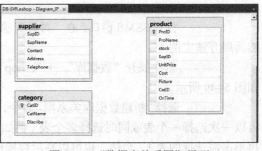

图 5-53　"数据库关系图"界面中添加表　　　　　　图 5-54　"数据库关系图"界面

提醒：可以选择某个表并按住鼠标左键拖动表的位置，调整各个表在界面上的位置，保证界面中表的布局直观简洁。

● Step8：从图 5-54 中可以看出 supplier 表没有定义主键。右击 supplier 表的 SupID 列（见图 5-55），选择"设置主键"命令，结果如图 5-56 所示。

● Step9：从图 5-56 可以看出 3 个表之间没有定义外键的约束关系。此步骤可以定义表之间的外键关系，以形成关系图。根据表 4-1 所示 product 表的设计可知，product 表分别与 supplier 表、category 表存在外键关系。选择 supplier 表，单击主键 SupID 并按住左键拖动到 product 表的 SupID 列上，松开鼠标左键，打开"外键关系"对话框和"表和列"对话框。在"表和列"对话框中自动设置了主键和外键,同时显示了关系名,如图 5-57 所示。核对主键表、主键列、外键表、外键列等是否有误,如果有误,可以选择相应的下拉按钮进行选择。如果需要修改关系名,则在"关系名"文本框中输入相应的关系名,如图 5-58 所示。核实无误后,单击"确定"按钮关闭"表和列"对话框,然后在"外键关系"对话框中单击"确定"按钮返回"关系图设计器"界面,结果如图 5-59 所示。

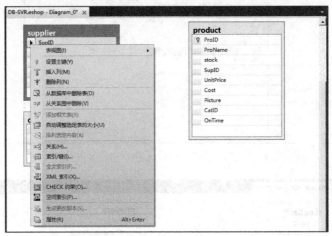

图 5-55 "数据库关系图"界面中定义主键

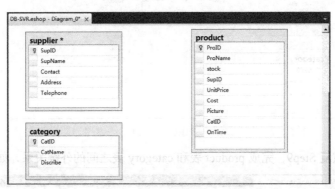

图 5-56 "数据库关系图"界面中完成主键的定义

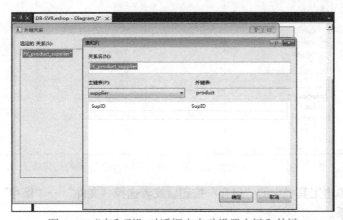

图 5-57 "表和列"对话框中自动设置主键和外键

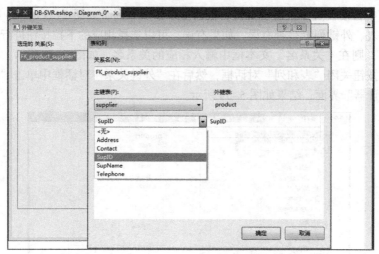

图 5-58 在"表和列"对话框中手动设置主键和外键

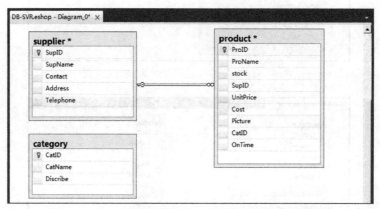

图 5-59 在"数据库关系图"中显示已创建的外键关系

● Step10：重复 Step9，完成 product 表和 category 表之间的外键关系，如图 5-60 所示。

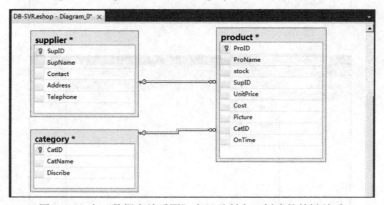

图 5-60 在"数据库关系图"中显示所有已创建的外键关系

● Step11：单击工具栏中的"保存"按钮■或者选择"文件"→"保存"命令保存数据库关系图和外键关系。

## 项目总结

约束是实现数据完整性的重要规则，本项目详细介绍了如何使用 SSMS 工具和使用 T-SQL 语句定义和维护主键约束、外键约束、唯一约束、检查约束和默认约束等 5 种常见约束的实践操作。涉及的关键知识和关键技能如下：

### 1. 关键知识

① 主键约束的内涵和作用。
② 外键约束的内涵和作用。
③ 唯一约束的内涵和作用。
④ 检查约束的内涵和作用。
⑤ 默认约束的内涵和作用。

### 2. 关键技能

① 使用 SSMS 工具和 T-SQL 语句定义和删除主键约束。
② 使用 SSMS 工具和 T-SQL 语句定义和删除外键约束。
③ 使用 SSMS 工具和 T-SQL 语句定义和删除唯一约束。
④ 使用 SSMS 工具和 T-SQL 语句定义和删除检查约束。
⑤ 使用 SSMS 工具和 T-SQL 语句定义和删除默认约束。
⑥ 使用 SSMS 工具创建体现数据表之间依赖关系的关系图。

## 拓展训练

### 1. 知识训练

（1）填空题

① 数据约束是基于业务逻辑，为了实现数据的_____而实现的。数据的完整性是指数据的_____和_____。

② _____约束用来强制实现数据的实体完整性，它在定义时，使用 PRIMARY KEY 关键字。

③ 在创建学生表 student 时，如果要实现学生表中的非主键列 name 中不允许输入重复的值，通过_____约束实现。

④ 如果要求数据表中某列不能输入重复值，可以通过_____约束或_____约束来实现。

⑤ _____约束用来强制实现数据的参照完整性，它在定义时，使用 FOREIGN KEY 关键字。

⑥ 在学生表 student 中插入新的记录时，如果没有为性别列中提供输入值，系统就会自动地提供该列值为"男"，通过_____约束实现。

（2）选择题

① 要在数据库中针对某个表定义约束时，使用下列（　　）SQL 语句可以实现。

A. CREATE CONSTRAINT　　　　B. ALTER TABLE
C. DROP TABLE　　　　　　　　D. CREATE TABLE

②如果学生表中有"学号""姓名""班级编号"等列，班级表中有"班级编号""班级名称""班主任"等列，要实现在学生表中输入"班级编码"的值与班级表中的"班级编码"的值保持一致时，可通过（　　）来实现。

  A. 主键约束　　　　B. 外键约束　　　　　C. 检查约束　　　　　D. 默认值约束

③如果要限制在学生的成绩表中，输入的学生成绩只能是在 0～100 的值，通过（　　）来实现。

  A. 主键约束　　　　B. 外键约束　　　　　C. 检查约束　　　　　D. 默认值约束

④下列描述中，（　　）是不正确的。

  A. 一个表中最多只能定义一个主键

  B. 一个表中最多只能定义一个外键

  C. 主键约束和唯一约束都能确保列的值是唯一的

  D. 在定义外键约束之前，主键表上必须已经定义了主键

⑤在成绩表 score 中添加记录时，确保成绩列 mark 的值在 0～100（包括 0 和 100），应采用下列（　　）语句来为 score 表添加约束。

  A. ALTER TABLE score ADD CONSTRAINT CK _score_mark CHECK(mark>=0 or <=100)

  B. ALTER TABLE score DROP CONSTRAINT CK _score_mark CHECK(mark>=0 and <=100)

  C. ALTER TABLE score CONSTRAINT CK _score_mark CHECK(mark>=0 or mark <=100)

  D. ALTER TABLE score ADD CONSTRAINT CK _score_mark CHECK(mark>=0 and mark <=100)

⑥在学生表 student 中实现班级 class 列，在没有输入值时，系统自动提供值为"14 软件技术 5 班"，可以实现的 SQL 语句为（　　）。

  A. ALTER TABLE student ADD CONSTRAINT DF _student_class DEFAULT '14 软件技术 5 班' FOR class

  B. ALTER TABLE student ADD CONSTRAINT DF _student_class class='14 软件技术 5 班'

  C. ALTER TABLE student ADD CONSTRAINT DF _student_class DEFAULT '14 软件技术 5 班'

  D. ALTER TABLE student ADD CONSTRAINT DF _student_class class FOR '14 软件技术 5 班'

2. 技能训练

针对"教学管理系统"中，其数据库为 schoolDB，学生表 student 结构如项目 4 中的表 4-8 所示，班级表 class 如表 5-1 所示。

表 5-1 班级表（表名：class）

| 字 段 名 | 数据类型 | 允许 NULL 值 | 约　　束 | 字 段 说 明 |
|---|---|---|---|---|
| ClassID | int | 否 | 主键、标识列 | 班级编号 |
| ClassName | varchar(20) | 否 | | 班级名称 |
| DeptName | varchar(20) | 否 | | 系部名称 |
| TeacherID | int | 否 | | 班主任编号 |

使用 T-SQL 语句完成如下任务：

①根据表 5-1 所示创建班级表 class，然后定义表 class 的主键，主键列为 ClassID。

②根据表 4-8 和表 5-1 所示创建学生表 student 和班级表 class 后，定义二者的外键约束。

③ 根据表 5-1 所示创建班级表 class 后，在 class 表中的 ClassName 列定义唯一约束。

④ 根据表 4-8 所示创建学生表 student 后，在 student 表中的 Sex 列定义检查约束，使 Sex 列的值只能为男或女。

⑤ 根据表 5-1 所示创建班级表 class 后，在 class 表中的 DeptName 列定义默认约束，默认值为"电子信息工程学院"。

⑥ 删除以上创建的主键约束、外键约束、唯一约束、检查约束和默认值约束。

# 项目 6

# 更 新 数 据

创建数据表之后，表中并没有数据记录，需要向数据表中添加数据。在添加数据时，一定要遵守数据表的约束，如主键约束、各记录的主键列数据不能有相同的值。当某列不能为空时，必须输入相应的值。同时，在添加记录时，也需要符合该列的数据类型，例如某表的"年龄"为整数的数据类型时，则需要输入整数，而不能输入其他类型的数据，如"ABC"。在修改数据时，也需要遵守数据库表相应的约束，且符合相应的数据类型。删除数据时需要谨慎操作，确保数据是该删除的数据。添加数据、修改数据和删除数据都称为更新数据。本项目详细介绍如何向已建立好的数据表中添加数据，如何修改表中的数据，以及如何删除表中的数据。

### 教学指导

| 项目分解 | 任务 6-1　添加数据 |
| --- | --- |
| | 任务 6-2　修改数据 |
| | 任务 6-3　删除数据 |
| 知识目标 | ① 掌握 INSERT 语句的作用与语法格式 |
| | ② 掌握 UPDATE 语句的作用与语法格式 |
| | ③ 掌握 DELETE 语句的作用与语法格式 |
| 技能目标 | ① 能够使用 INSERT 语句添加数据 |
| | ② 能够使用 UPDATE 语句修改数据 |
| | ③ 能够使用 DELETE 语句删除数据 |
| 素养目标 | ① 提高自我学习和持续学习的意识和能力 |
| | ② 理解问题思考的逻辑性 |
| | ③ 培养培养规矩意识、大局意识 |

### 项目提要

创建完"电子商务系统"的各个数据表后，各数据表中没有数据记录。需要对所有的表添加数据，并根据实际可能的需要对数据进行修改及删除操作。本项目以 product、category、supplier 三个表为例，介绍如何向数据表中添加数据，如何在数据表中修改数据和删除数据。对数据的更新操作（添加、修改、删除）有两种方式：一种是通过 SSMS 工具，打开表编辑数据来实现添加、修改和删除数据，操作比较简单，本项目不再介绍，可以通过自学熟练掌握；另一重要的方式就是使用 T-SQL 语句方式进行操作。另外，各种开发语言通过包含 SQL 语句的代码来实现更新数据。实现添加、修改和删除数据的 SQL 语句为 INSERT、UPDATE 和 DELETE 语句，它们都属于 SQL 中的 DML（数据操纵语言）。

操作环境：本项目可以在查询编辑器中编辑、分析、执行 SQL 查询语句，如图 6-1 所示。

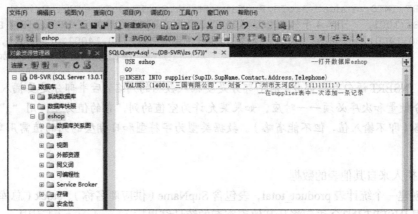

图 6-1　在"查询编辑器"执行 SQL 语句界面

# 任务 6-1　添 加 数 据

已经建好数据表后，通过 INSERT 语句实现往表中添加新数据。INSERT 语句可以将一条或多条数据记录添加到数据表或视图中。

## 1. 任务描述

使用 INSERT 语句完成如下操作：

① 在 supplier 表中添加单条记录。

② 在 category 表、product 表中添加多条记录。

③ 对 product 表中的库存进行统计，并存储到数据表 product_total 中。

## 2. 任务实现

### （1）添加单条记录

在查询编辑器中，输入并执行下列 SQL 语句在 supplier 表中添加一条记录。

```
USE eshop                          -- 打开数据库 eshop
GO
INSERT INTO supplier(SupID,SupName,Contact,Address,Telephone) VALUES
(14001,'三国有限公司', '刘备', '广州市天河区', '11111111')
                                -- 在 supplier 表中一次添加一条记录
```

### （2）添加多条记录

在查询编辑器中，输入并执行下列 SQL 语句在 category 表中添加多条记录。

```
USE eshop                          -- 打开数据库 eshop
GO
INSERT INTO category(CatID,CatName,Describe)
VALUES(101, '手机','各种 4G 和 3G 智能手机'), (201,'打印机','各种激光、喷墨、
针式打印机'),(301,'电脑','各种品牌电脑')          -- 在 category 表中一次添加多条记录
```

在查询编辑器中，输入并执行下列 SQL 语句在 product 表中添加多条记录。

```
USE eshop                              -- 打开数据库 eshop
GO
INSERT INTO product(ProID,ProName,Stock,SupID,OnTime,UnitPrice)
VALUES(1001, ' 小米 4 手机 ',20,14001,'2014-11-11',1899), (2001,'HP P1108 激光
打印机 ',30,14001,'',980),(3001,' 联想 YOGA3 笔记本电脑 ',50,14001, default, 4899)
                              -- 在 product 表中一次添加多条记录
```

提醒：INSERT 语句有两部分，前半部分是要插入数据的列名，后半部分是要插入的数据值，前后两部分数量和次序必须一一对应。如果某允许为空值的列，它的值为空，用 “,,” 来表示，而不能省略（即不输入值，但不能省略）。数据类型为字符型和日期型的列的值需用单引号（''）括起来。

（3）插入来自其他表的数据

首先创建一个统计表 product_total，表包含 SupName（供应商名称）、stock（总库存）两列。然后，使用 INSERT INTO 语句将从其他表查询的统计结果插入 product_total 表中。

```
USE eshop                              -- 打开数据库 eshop
GO
CREATE TABLE product_total(SupName varchar(30),stock int)
                              -- 创建 product_total 表
GO
INSERT INTO product_total
SELECT supplier.SupName,SUM(product.stock)
FROM supplier,product
WHERE supplier.SupID=product.SupID
GROUP BY supplier.SupName
          -- 将从 supplier 表和 product 表中查询结果添加到 product_total 表中
```

## 任务 6-2 修 改 数 据

当需要对表中的数据进行修改时，可采用 UPDATE 语句。UPDATE 语句可以实现对表或视图中现有记录进行修改。

### 1. 任务描述

使用 UPDATE 语句完成如下操作：

① 将 product 表中所有行的上架时间 OnTime 修改为当前系统日期。

② 将 product 表商品号 ProID 是 “1001” 的单价 UnitPrice 修改为 “1888”。

③ 将 product 表商品号 ProID 是 “2001” 的单价 UnitPrice 修改为 “880”，库存 stock 修改为 “60”。

④ 将 product 表中单价 UnitPrice 低于 2 000 的商品价格提高 10%。

### 2. 任务实现

（1）修改所有行的单列数据

在查询编辑器中，输入并执行下列 SQL 语句修改 product 表中所有行的上架时间 OnTime

为当前系统日期。

```
USE eshop                        -- 打开数据库 eshop
GO
UPDATE product
SET OnTime=getdate()    -- 修改 product 表中所有行的 OnTime 为当前系统日期
```

（2）修改特定行的单列数据

在查询编辑器中，输入并执行下列 SQL 语句修改 product 表中商品号 ProID 是 "1001" 的单价 UnitPrice 为 "1888"。

```
USE eshop            -- 打开数据库 eshop
UPDATE product
SET UnitPrice=1888
WHERE ProID=1001        -- 修改 product 表中 ProID 是 "1001" 的 UnitPrice 为 "1888"
```

（3）修改特定行的多列数据

在查询编辑器中，输入并执行下列 SQL 语句修改 product 表中商品号 ProID 是 "2001" 的单价 UnitPrice 为 "880"，库存 stock 为 "60"。

```
USE eshop                    -- 打开数据库 eshop
UPDATE product
SET UnitPrice=880,stock=60
WHERE ProID=2001
        -- 修改 product 表中 ProID 是 "2001" 的 UnitPrice 为 "880"，stock 为 60
```

（4）使用计算值修改数据

在查询编辑器中，输入并执行下列 SQL 语句将 product 表中单价 UnitPrice 低于 2 000 的商品价格提高 10%。

```
USE eshop                -- 打开数据库 eshop
UPDATE product
SET UnitPrice=UnitPrice*1.1
WHERE UnitPrice<2000 -- 将 product 表中单价 UnitPrice 低于 2000 的商品价格提高 10%
```

## 任务 6-3  删 除 数 据

当需要对表中的数据进行删除时，可采用 DELETE 语句。DELETE 语句可以实现在表或视图中删除一行或多行记录。

### 1. 任务描述

为了完成删除的操作，先在 supplier 中插入如下 4 条记录：

（14002，导向有限公司，曹操，广州市黄埔区，22222222）

（14003，狂想电脑公司，赵云，深圳市罗湖区，33333333）

（14004，文文有限公司，张飞，长沙市雨花区，44444444）

（14005，西游有限公司，唐僧，深圳市宝安区，55555555）

然后使用 DELETE 语句完成如下操作：

（1）删除 supplier 表中联系人为张飞的记录。

（2）删除 supplier 表中地址在深圳市的记录。

（3）删除 product 表中所有的记录。

2. 任务实现

（1）在 supplier 中添加 4 条记录。

在查询编辑器中，输入并执行下列 SQL 语句在 supplier 表中添加 4 条记录。

```
USE eshop                              -- 打开数据库 eshop
GO
INSERT INTO supplier(SupID,SupName,Contact,Address,Telephone) VALUES
(14002,'导向有限公司','曹操','广州市黄埔区','22222222'),(14003,'狂想电脑公司',
'赵云','深圳市罗湖区','33333333'),(14004,'文文有限公司','张飞','长沙市雨花区',
'44444444'),(14005,'西游有限公司','唐僧','深圳市宝安区','55555555')
                                       -- 在 supplier 表中添加 4 条记录
```

（2）删除符合条件的单条记录

在查询编辑器中，输入并执行下列 SQL 语句将删除 supplier 表中联系人为张飞的记录。

```
USE eshop                              -- 打开数据库 eshop
DELETEFROM supplier
WHERE Contact=' 张飞 '                  -- 删除 supplier 表中联系人为张飞的记录
```

（3）删除符合条件的多条记录

在查询编辑器中，输入并执行下列 SQL 语句将删除 supplier 表中地址在深圳市的记录。

```
USE eshop                              -- 打开数据库 eshop
GO
DELETE FROM supplier
WHERE Address like '% 深圳 %'           -- 删除 supplier 表中地址在深圳市的记录
```

（4）删除表中所有记录

在查询编辑器中，输入并执行下列 SQL 语句将删除 product 表中所有的记录。

```
USE eshop                              -- 打开数据库 eshop
GO
DELETE FROM product                    -- 删除 product 表中所有的记录
```

# 项目总结

本项目详细介绍了如何使用 T-SQL 语句在数据表中添加数据、修改数据和删除数据的 SQL
语法和实践操作。涉及的关键知识和关键技能如下：

1. 关键知识

（1）INSERT 语句的作用和语法格式。

（2）UPDATE 语句的作用和语法格式。

（3）DELETE 语句的作用和语法格式。

2. 关键技能

（1）使用 INSERT 语句添加单条记录、添加多条记录，以及添加来自其他表的数据。

（2）使用 UPDATE 语句修改所有行的单列数据、修改特定行的单列数据、修改特定行的多列数据，以及使用计算值来修改数据。

（3）使用 DELETE 语句删除符合条件的单条记录、删除符合条件的多条记录，以及删除表中的所有记录。

# 拓 展 训 练

## 1. 知识训练

（1）填空题

① 在 T-SQL 语言中，使用_____语句添加数据，使用_____语句创建数据表。

② 在 T-SQL 语言中，使用_____语句修改数据，使用_____语句修改表结构。

③ 在 T-SQL 语言中，使用_____语句删除数据，使用_____语句删除数据表。

（2）选择题

① 在 T-SQL 语言中，INSERT、UPDATE 和 DELETE 语句实现了（　　）功能。

    A. 数据定义　　　B. 数据操纵　　　　C. 数据管理　　　　D. 数据控制

② 添加一条记录到班级表 class 中，ClassID、ClassName、DeptName 分别是 1501、15 级软件技术 1 班、电子信息工程学院，正确的 SQL 语句是（　　）。

    A. INSERT VALUES('1501', '15 级软件技术 1 班 ', ' 电子信息工程学院 ') INTO class

    B. INSERT TO class VALUES('1501'，'15 级软件技术 1 班 ', ' 电子信息工程学院 ')

    C. INSERT INTO class(ClassID、ClassName、DeptName) VALUES('1501'、'15 级软 件技术 1 班 '、' 电子信息工程学院 ')

    D. INSERT INTO class(ClassID，ClassName，DeptName)VALUES('1501', '15 级软件技术 1 班 ', ' 电子信息工程学院 ')

③ 在成绩表 score 中，把成绩（列名为 mark）在 50 ~ 59 分之间（包括 50 和 59）的学生成绩各加 10 分，通过（　　）来实现。

    A. UPDATE mark=mark+10 WHERE mark>=10 AND mark<=59

    B. UPDATE mark=mark+10 WHERE mark>=10 OR mark<=59

    C. UPDATE score SET mark=mark+10 WHERE mark>=10 OR mark<=59

    D. UPDATE score SET mark=mark+10 WHERE mark>=10 AND mark<=59

④ 下列描述中，（　　）是不正确的。

    A. INSERT 语句、DELETE 语句和 UPDATE 语句都是 DML 语言

    B. DELTETE 语句既可以删除数据，同时也可以删除数据表

    C. INSERT 语句实现在数据表中添加新的记录

    D. UPDATE 语句实现在数据表中修改数据

## 2. 技能训练

"教学管理系统"中，其数据库为 schoolDB，成绩表 score 结构如表 6-1 所示。

表 6-1　成绩表（表名：score）

| 字　段　名 | 数据类型 | 允许 NULL 值 | 约　　　束 | 字　段　说　明 |
|---|---|---|---|---|
| StuID | int | 否 | 主键 | 学号 |
| StuName | varchar(20) | 否 | | 学生姓名 |
| Course | varchar(20) | 是 | | 课程名称 |
| mark | decimal(4,1) | 是 | | 成绩 |

使用 T–SQL 语句完成如下任务：

① 根据表 6–1 所示创建成绩表 score。

② 在 score 表中添加 4 个学生的成绩信息，他们的学号、姓名、课程和成绩分别是：

（15001、张飞、计算机网络、55）

（15002、刘备、数据库技术、80）

（15003、关羽、Java 程序设计、85）

（15004、赵云、软件测试、58）

③ 修改刘备的成绩为 85。

④ 把关羽的成绩加 5 分。

⑤ 删除所有不及格的记录。

# 项目 7

# 查 询 数 据

数据查询是数据库系统应用的主要操作，也是对数据库最频繁的操作请求。数据查询主要是根据用户的查询要求和提供的查询条件，从数据库中检索数据记录，并允许从一个或多个数据表中选择一个或多行或列，并以表格形成返回查询的结果。根据数据查询的对象，可以概括为单表查询和多表查询。单表查询就是从一个表中查询符合条件和要求的数据记录，也是最基础的查询；多表查询就是从多个表中查询符合条件和要求的数据记录，最常见的就是连接查询和子查询。

### 教学指导

| 项目分解 | 任务 7-1  数据基础查询<br>任务 7-2  数据连接查询<br>任务 7-3  数据子查询 |
|---|---|
| 知识目标 | ① 掌握 WHERE、ORDER BY、GROUP BY 等子句的含义、作用和语法格式<br>② 掌握 TOP、PERCENT、DISTINCT、LIKE、AS 等查询关键字的含义、作用和语法格式<br>③ 掌握比较运算符 "="  "<>"  "<"  ">"  ">="  "<="  "!>"  "!<" 等的含义和作用<br>④ 掌握逻辑运算符 AND、OR、NOT 等的含义和作用<br>⑤ 掌握范围运算符 BETWEEN...AND、NOT BETWEEN...AND、IN、NOT IN 等的含义和作用<br>⑥ 掌握空值判断符 IS NULL、IS NOT NULL 等的含义和作用<br>⑦ 掌握聚合函数 COUNT、MAX、MIN、AVG 和 SUM 等的含义和作用<br>⑧ 掌握使用 CROSS JOIN、INNER JOIN、LEFT JOIN、RIGHT JOIN、FULL JOIN 进行多表连接查询的含义和作用，以及语法格式<br>⑨ 理解外部查询、子查询、独立子查询、相关子查询的含义和作用，实现独立子查询和相关子查询的语法格式 |
| 技能目标 | ① 能够实现数据表中所有行、所有列的查询<br>② 能够实现数据表中特定行和列的查询，使用 WHERE 子句<br>③ 能够使用 TOP、PERCENT、DISTINCT 等查询关键字<br>④ 能够使用 WHERE 子句实现比较条件查询、逻辑条件查询、范围条件查询、多值条件查询、空值条件查询<br>⑤ 能够使用 ORDER BY 子句对查询结果进行排序<br>⑥ 能够使用 LIKE 关键进行模糊查询<br>⑦ 能够使用 GROUP BY 子句进行分组查询<br>⑧ 能够使用 COUNT、MAX、MIN、AVG 和 SUM 等聚合函数<br>⑨ 能够分别使用 CROSS JOIN、INNER JOIN、LEFT JOIN、RIGHT JOIN 和 FULL JOIN 等关键字进行多表间的交叉连接查询、内连接查询、左外连接查询、右外连接查询和全外连接查询<br>⑩ 能够实现独立子查询和相关子查询 |
| 素养目标 | ① 养成团队协作精神<br>② 遵循基本规范<br>③ 培养良好沟通能力 |

项目提要

创建完"电子商务系统"的各个数据表，并完成相应的数据记录的添加后，用户或应用程序可以根据实际需求进行查询，使用各数据表中的数据。本项目以 supplier（供应商表）、category（类别表）、product（商品表）、member（会员表）、orders（订单表）、employee（员工表）、department（部门表）等主要的电子商务系统数据表为例，介绍基础查询、连接查询子查询等各种常见的查询操作。

准备工作：为了不影响本项目的实践操作，先将前面学习过程中涉及的表或表中数据删除，创建全新的数据表，并往各表中添加合理的数据。也可以不创建表和添加数据，先用 Excel 编辑好各表的数据，然后利用数据库的导入向导，向 eshop 数据库中导入数据（数据导入操作在前面的任务中已做详细的介绍）。各数据表的数据请参见附录 C。

操作环境：本项目的所有任务在 SSMS 工具中的查询编辑器中完成，实现各任务的 SQL 查询语句的编辑、分析和执行。

# 任务 7-1　数据基础查询

数据基础查询涉及指定行和列、消除重复、排序、模糊查询、分组及聚合函数等不同要求的查询。

1. 任务描述

使用 SELECT 语句完成如下查询操作：

① 查询供应商表 supplier 中所有供应商的信息。

② 查询供应商表 supplier 中所有供应商的名称 SupName 和地址 Address。

③ 查询商品类别表 category 中所有类别的信息，并以"类别编号""类别名称""描述"作为输出字段的标题。

④ 从商品表 product 中检索前 5 条记录的信息；从商品表 product 中检索前 10% 的记录信息。

⑤ 从商品表 product 中检索包含的商品类别编号 CatID，并消除重复记录。

⑥ 使用 ORDER BY 子句从商品表 product 中检索所有记录中的商品编号 ProID、商品名称 ProName、单价 UnitPrice，并按单价 UnitPrice 从低到高排序，或从高到低排序。

⑦ 使用 WHERE 子句完成对商品表 product 的比较条件查询、逻辑条件查询、范围条件查询、空值条件查询。

⑧ 使用 LIKE 运算符对商品表 product 进行模糊查询。

⑨ 使用常用的聚集函数进行查询。

⑩ 使用 GROUP BY 子句对商品表 product 进行分组查询。

⑪ 使用 INTO 子句对商品表 product 进行查询，并保存查询结果到一个新表中。

2. 任务实现

① 查询供应商表 supplier 中所有供应商的信息。对应的 SQL 语句如下：

```
SELECT * FROM supplier
```

② 查询供应商表 supplier 中所有供应商的名称 SupName 和地址 Address。对应的 SQL 语句

如下：

```
SELECT SupName,Address FROM supplier
```

③ 查询商品类别表 category 中所有类别的信息，并以"类别编号""类别名称""描述"作为输出字段的标题。对应的 SQL 语句如下：

```
SELECT CatID AS 类别编号,CatName AS 类别名称,Discribe AS 描述 FROM category
```

④ 从商品表 product 中检索前 5 条记录的信息；从商品表 product 中检索前 10% 的记录信息。对应的 SQL 语句如下：

```
SELECT TOP 5 * FROM product                 -- 检索 "product" 中前 5 条记录
SELECT TOP 10 PERCENT * FROM product         -- 检索 "product" 中前 10% 条记录
```

⑤ 从商品表 product 中检索包含的商品类别编号 CatID，并消除重复记录。对应的 SQL 语句如下：

```
SELECT DISTINCT CatID FROM product
```

⑥ 使用 ORDER BY 子句从商品表 product 中检索所有记录中的商品编号 ProID、商品名称 ProName、单价 UnitPrice，并按单价 UnitPrice 从低到高排序，或从高到低排序。对应的 SQL 语句如下：

```
SELECT ProID,ProName,UnitPrice FROM product
ORDER BY UnitPrice ASC -- 按 UnitPrice 从低到高升序排序，ASC 可以省略
SELECT ProID,ProName,UnitPrice FROM product
ORDER BY UnitPrice DESC      -- 按 UnitPrice 从高到低降序排序
```

⑦ 使用 WHERE 子句完成对商品表 product 的比较条件查询、逻辑条件查询、范围条件查询、空值条件查询。

- 比较条件查询。WHERE 子句后面的逻辑表达式可以使用比较运算符来限制 SELECT 语句检索的记录。比较运算符有 =、<>、<、>、>=、<=、!>、!< 等。

```
SELECT * FROM product WHERE ProID=10102
                            -- 查询商品编号 ProID 是 10102 的商品信息
SELECT * FROM product WHERE UnitPrice>=1500
                            -- 查询单价 UnitPrice 大于等于 1 500 的商品信息
SELECT * FROM product WHERE UnitPrice!>1500
                            -- 查询单价 UnitPrice 不大于 1 500 的商品信息
```

- 逻辑条件查询。WHERE 子句后面的逻辑表达式可以使用逻辑运算符来限制 SELECT 语句检索的记录。逻辑运算符有 AND、OR、NOT 等。AND 表示两个或多个条件同时成立的条件下，返回的查询结果。OR 表示两个或多个条件中任何一个条件成立的条件下，返回的查询结果。NOT 表示条件不满足的情况下，返回的查询结果。

```
SELECT ProName,CatID,UnitPrice FROM product WHERE CatID=101 AND
UnitPrice>1600
    -- 查询商品类别编号为 101，并且单价高于 1600 的 ProName、CatID、UnitPrice 信息
    SELECT ProName,CatID,UnitPrice FROM product WHERE CatID=101 OR
UnitPrice>1600
    -- 查询商品类别编号为 101，或者单价高于 1600 的 ProName、CatID、UnitPrice 信息
```

- 范围条件查询。WHERE 子句后面的逻辑表达式可以使用范围运算符来限制 SELECT 语句检索的记录。范围可以通过比较运算符来实现，还可以通过范围运算符 BETWEEN...AND、NOT BETWEEN...AND、IN、NOT IN 等来实现。

```
SELECT ProID,ProName,UnitPrice FROM product
WHERE UnitPrice BETWEEN 1000 AND 1500
    -- 查询商品单价在 1000 与 1500 元之间的记录的 ProID、ProName、UnitPrice 信息
```

上述的查询语句还可以通过比较运算符来实现，它们的查询结果是一样的。语句如下：

```
SELECT ProID,ProName,UnitPrice FROM product
WHERE UnitPrice>=1000 AND UnitPrice<=1500
    -- 查询商品单价在 1000 与 1500 元之间的记录的 ProID、ProName、UnitPrice 信息
SELECT ProName,CatID,UnitPrice FROM product WHERE CatID IN (101,201,301)
    -- 查询商品类别编号为 101、201、301 的记录的 ProName、CatID、UnitPrice 信息
SELECT ProName,CatID,UnitPrice FROM product WHERE CatID NOT IN
(101,201,301)
    -- 查询商品类别编号不是 101、201、301 的记录的 ProName、CatID、UnitPrice 信息
```

- 空值条件查询。WHERE 子句后面的逻辑表达式可以使用空值判断符来限制 SELECT 语句检索的记录。空值判断符有 IS NULL、IS NOT NULL 等。

```
SELECT * FROM product WHERE Cost IS NULL          -- 查询没有成本价的商品信息
SELECT * FROM product WHERE Cost IS NOT NULL      -- 查询有成本价的商品信息
```

⑧ 使用 LIKE 运算符对商品表 product 进行模糊查询。在 WHERE 子句中，使用 LIKE 或 NOT LIKE 将表达式与字符串进行匹配运算，从而实现模糊查询。模糊匹配通常与通配符一起使用。通配符如表 7-1 所示。

表 7-1 通 配 符

| 通 配 符 | 含 义 | 示 例 |
|---|---|---|
| % | 表示 0 个、1 个或多个任意字符 | 'A%'：匹配以 A 开头的任意字符串；'%A'：匹配以 A 结尾的任意字符串；'A%B'：匹配以 A 开头、B 结尾的任意字符串；'%AB%'：匹配包含 AB 的任意字符串 |
| _ | 表示单个任意字符 | '_A'：匹配以 A 结尾的 2 个字符的字符串 |
| [ ] | 表示方括号中列出的任意单个字符 | '[A-C]_'：匹配 2 个字符的字符串，首字符为 A 到 C 中的一个字符，第二个字符为任意字符 |
| [^] | 表示不在方括号中列出的任意单个字符 | 'A[^C]%'：匹配任意长度的字符串，该字符串是以 A 开头，且第二个字符不是 C |

对应的 SQL 语句如下：

```
SELECT * FROM supplier WHERE address LIKE '% 广州市 %'
                    -- 查询地址是广州市的供应商信息
SELECT * FROM supplier WHERE contact LIKE '[^ 刘 ]_'
                    -- 查询联系人不是姓刘的，且姓名长度是 2 个字符的供应商信息
```

⑨ 使用常用的聚合函数进行查询。聚合函数是对一组数据进行计算并返回单一的值，这些值可以出现在查询的结果中。常用的聚合函数如表 7-2 所示。

提醒：表中的聚合函数可以使用 DISTINCT 关键字，以便在进行计算时消除重复的值。

表 7-2  常用的聚合函数

| 聚合函数名 | 功　　能 | 聚合函数名 | 功　　能 |
|---|---|---|---|
| COUNT | 统计一列值的个数，COUNT(*) 返回表中总行数，包括有空值的行 | AVG | 计算一组数据的平均值 |
| MAX | 计算一组数据的最大值 | SUM | 计算一组数据的总和 |
| MIN | 计算一组数据的最小值 | | |

```
SELECT COUNT(*)AS 记录数量,SUM(Stock) AS 库存总量 FROM product
WHERE UnitPrice BETWEEN 1000 AND 1500
                        -- 统计单价在 1 000 ～ 1 500 之间的记录数以及库存总量
SELECT COUNT(DISTINCT(CatID))  AS 商品类别数量 FROM product
                        -- 统计 product 表中商品类别的数量
SELECT MAX(UnitPrice) AS 最高价,MIN(UnitPrice) AS 最低价,AVG(UnitPrice)
AS 平均价 FROM product        -- 计算 product 表中商品单价的最高价、最低价和平均价
```

⑩ 使用 GROUP BY 子句对商品表 product 进行分组查询。如果需要一个或多个列或表达式的值进行分类，然后在分类的基础上进行查询，则需要使用 GROUP BY 子句来实现。HAVING子句与 GROUP BY 子句一起用来筛选结果集内的组。

```
SELECT CatID AS 商品类别,SUM(Stock) AS 总库存 FROM product GROUP BY CatID
                        -- 统计 product 表中各类商品的总库存数
SELECT CatID AS 商品类别,AVG(UnitPrice)AS 平均单价
FROM product
GROUP BY CatID
HAVING AVG(UnitPrice)>1500
        -- 统计 product 表中各类商品的平均价，并返回平均价高于 1 500 的商品类别
```

⑪ 使用 INTO 子句对商品表 product 进行查询，并保存查询结果到一个新表 product_new 中。SELECT...INTO 语句用于创建一个新表，并将来自查询的结果行插入该表中。对应的 SQL 语句如下：

```
SELECT ProID,ProName,Stock,UnitPrice INTO product_new
FROM product WHERE UnitPrice>1500
                -- 创建一个新表 product_new，并把查询的结果插入到该新表中
```

## 任务 7-2  数据连接查询

前面的任务内容主要实现了在一个数据表中查询数据的知识和技能。但在实际应用中，需要查询的数据来自两个或多个表，则需要使用连接查询的方法来实现。连接查询就是实现从两个或多个表中查询数据，查询的结果集中出现的数据可能来自两个或多个表。连接查询的类型有交叉连接、内连接、外连接。外连接又分为左外连接、右外连接和全外连接。

1. 任务描述

在电子商务数据库 eshop 中，完成如下的连接查询操作：

① 使用交叉连接查询，从员工表 employee 和部门表 department 两个数据表中进行查询，查询结果集中包含 EmpID、EmpName、Telephone、DepID、DepName 列的信息。

② 使用内连接查询，查询已下订单的商品的 OderID、MemID、ProName、Qty、Total 等列的信息。

③ 使用内连接查询，查询已下订单且订单金额（Total）大于 1 500 的商品 OderID、MemName、ProName、Qty、Total 等列的信息。

④ 使用左外连接查询，查询所有商品类别的信息，查询结果中包含 CatID、CatName、ProName 和 UnitPrice 等列的信息。

⑤ 使用右外连接查询，查询所有的订单信息，查询结果中包含 OrderID、Total、MemName 和 Telephone 等列的信息。

⑥ 使用全外连接查询，查询所有会员的信息和所有已下订单的商品信息，查询结果中包含 MemID、MemName、Telephone、OrderID 和 Total 等列的信息。

### 2. 任务实现

（1）交叉连接查询

交叉连接是最简单的连接查询，对两个表进行连接查询操作，生成二者的笛卡儿积。也就是将一个表的每一行与另一个表的所有行进行匹配。如果一个表有 $m$ 行，另一个表有 $n$ 行，则查询结果集为 $m \times n$ 行，列为两个表的列数之和。交叉连接在实际应用中意义不大。实现交叉连接有两种方法：一种是使用 CROSS JOIN 关键字；另一种是不使用 CROSS JOIN 关键字。

使用交叉连接查询，从员工表 employee 和部门表 department 两个数据表中进行查询，查询结果集中包含 EmpID、EmpName、Telephone、DepID、DepName 列的信息。对应的 SQL 语句如下：

语法一：

```
SELECT E.EmpID,E.EmpName,E.Telephone,D.DepID,D.DepName
FROM employee AS E CROSS JOIN department AS D
```

语法二：

```
SELECT E.EmpID,E.EmpName,E.Telephone,D.DepID,D.DepName
FROM employee AS E ,department AS D
```

（2）内连接查询

内连接是在交叉连接生成结果集的基础上，根据指定的连接条件对结果进行过滤。实现内连接有两种方法：一种是使用 INNER JOIN 关键字；另一种是不使用 INNER JOIN 关键字。

① 使用内连接查询，查询已下订单的商品的 OderID、MemID、ProName、Qty、Total 等列的信息。对应的 SQL 语句如下：

语法一：

```
SELECT O.OrderID,O.MemID,P.ProName,O.Qty,O.Total
FROM orders AS O INNER JOIN product AS P
ON O.ProID=P.ProID
```

语法二：

```
SELECT O.OrderID,O.MemID,P.ProName,O.Qty,O.Total
FROM orders AS O , product AS P
WHERE O.ProID=P.ProID
```

② 使用内连接查询，查询已下订单且订单金额（Total）大于 1 500 的商品 OderID、

MemName、ProName、Qty、Total 等列的信息。对应的 SQL 语句如下：

语法一：

```
SELECT O.OrderID,M.MemName,P.ProName,O.Qty,O.Total
FROM orders AS O INNER JOIN product AS P ON O.ProID=P.ProID
                 INNER JOIN member AS M ON M.MemID=O.MemID
WHERE O.Total>1500
```

语法二：

```
SELECT O.OrderID,M.MemName,P.ProName,O.Qty,O.Total
FROM orders AS O, product AS P,member AS M
WHERE O.ProID=P.ProID AND O.MemID=M.MemID AND O.Total>1500
```

（3）左外连接查询

外连接查询是在内连接的基础上，增加了一个逻辑处理步骤：添加外部行。在内连接中，返回的是符合条件的匹配记录。而在外连接中，除了返回符合条件的匹配记录，还会返回一个表的不符合条件的记录，即结果集中会保留一个表（也称为主表）的所有记录。如果主表中的某些记录在从表中没有找到匹配的记录，则主表的这些记录仍然保留，来自从表中相应列的值则用 NULL 填充。

左外连接的左表为主表（保留表），右表为从表，即返回 LEFT OUTER JOIN 关键字左边表的所有记录。如果左表中某些记录在右表中没有匹配的记录数据，则右表相应的列值为空值 NULL。

使用左外连接查询，查询所有商品类别的信息，查询结果中包含 CatID、CatName、ProName 和 UnitPrice 等列的信息。对应的 SQL 语句如下：

```
SELECT C.CatID,C.CatName,P.ProName,UnitPrice
FROM category AS C LEFT OUTER JOIN product AS P --OUTER 关键字可以省略
ON C.CatID=P.CatID
```

（4）右外连接查询

右外连接的右表为主表（保留表），左表为从表，即返回 RIGHT OUTER JOIN 关键字右边表的所有记录。如果右表中某些记录在左表中没有匹配的记录数据，则左表相应的列值为空值 NULL。

使用右外连接查询，查询所有的订单信息，查询结果中包含 MemName、Telephone、OrderID 和 Total 等列的信息。对应的 SQL 语句如下：

```
SELECT M.MemName,M.Telephone,O.OrderID,O.Total
FROM member AS MRIGHT OUTER JOIN orders AS O  --OUTER 关键字可以省略
ON M.MemID=O.MemID
```

（5）全外连接查询

全外连接则左表和右表所有的记录都需要保留，即返回左表和右表中所有的记录。当一个表中某些记录在另一个表中没有匹配的记录时，则另一个表相应的列值为空值 NULL。

使用全外连接查询，查询所有会员信息和所有订单信息，查询结果中包含 MemID、MemName、Telephone、OrderID 和 Total 等列的信息。对应的 SQL 语句如下：

```
SELECT M.MemID,M.MemName,M.Telephone,O.OrderID,O.Total
FROM member AS M FULL OUTER JOIN orders AS O       --OUTER 关键字可以省略
ON M.MemID=O.MemID
```

## 任务 7-3　数据子查询

SQL 支持在查询语句中编写查询语句，即在一条 SQL 语句中再嵌套另一条 SQL 语句，形成多层的查询。外层的查询语句也称外部查询，内层的查询语句也称内部查询或子查询。

子查询可以分为独立子查询和相关子查询两类。独立子查询是指子查询语句可以独立执行查询，而不依赖于它所属的外部查询。相关子查询是指子查询语句不能独立执行查询，它必须依赖它所属的外部查询的结果才能执行。

子查询根据其执行的结果可以分为单值（标量）子查询、多值子查询和表值子查询。单值子查询返回的结果是一个单独的值（标量值），多值子查询返回的结果是多个值，表值子查询返回的结果是一个包含记录的表。本任务重点介绍单值子查询和多值子查询。

独立子查询和相关子查询都可以返回标量值或多个值。

### 1. 任务描述

在电子商务数据库 eshop 中，完成如下的连接查询操作：

① 使用独立单值子查询，查询商品名称为"得力指纹考勤机"的供应商名称。

② 使用独立多值子查询，查询所有下过订单的会员信息。

③ 使用相关子查询，查询所有下过订单的会员信息。

### 2. 任务实现

① 使用独立单值子查询，查询商品名称为"得力指纹考勤机"的供应商名称。对应的 SQL 语句如下：

```
SELECT SupID,SupName FROM supplier
WHERE SupID=(SELECT SupID FROM product WHERE ProName='得力指纹考勤机')
```

② 使用独立多值子查询，查询所有下过订单的会员信息。对应的 SQL 语句如下：

```
SELECT * FROM member
WHERE MemID IN (SELECT MemID FROM orders)
```

③ 使用相关子查询，查询所有下过订单的会员信息。对应的 SQL 语句如下：

```
SELECT * FROM member
WHERE EXISTS (SELECT * FROM orders WHERE orders.MemID=member.MemID)
```

## 项 目 总 结

本项目详细介绍了如何使用 T-SQL 语句对数据表中的数据进行查询，以满足用户或应用程序的实际需求，内容包括对单个数据表进行的各种基础查询，以及对多个表进行查询的连接查询（包括交叉连接查询、内连接查询和外连接查询）、子查询（包括独立子查询和相关子查询）。涉及的关键知识和关键技能如下：

### 1. 关键知识

① 单表的数据基础查询中，实现指定行和列、消除重复、排序、模糊查询、分组查询等各种需求的查询子句和关键字（如 WHERE、DISTINCT、ORDER BY、LIKE、GROUP BY、

TOP、PERCENT、AS 等）、语法格式和使用场景。

②比较运算符的含义和作用，如 "="　"<>"　"<"　">"　">="　"<="　"!>"　"!<" 等。

③逻辑运算符的含义和作用，如 AND、OR、NOT 等。

④范围运算符的含义和作用，如 BETWEEN…AND、NOT BETWEEN…AND、IN、NOT IN 等。

⑤空值判断符的含义和作用，如 IS NULL、IS NOT NULL 等。

⑥聚合函数 COUNT、MAX、MIN、AVG 和 SUM 的含义和作用。

⑦多表的连接查询的类型（交叉连接、内连接、外连接）的含义和作用。实现交叉连接、内连接、左外连、右外连、完全外连的查询关键字（如 CROSS JOIN、INNER JOIN、LEFT JOIN、RIGHT JOIN、FULL JOIN）、语法格式和使用场景。

⑧外部查询、子查询、独立子查询、相关子查询的含义和作用，以及它们之间的关系和区别。实现独立子查询、相关子查询的语法格式和使用场景。

### 2. 关键技能

①实现数据表中所有行、所有列的查询。

②实现数据表中特定行和列的查询，使用 WHERE 子句。

③使用 TOP、PERCENT、DISTINCT 等查询关键字。

④使用 WHERE 子句实现比较条件查询、逻辑条件查询、范围条件查询、空值条件查询。

⑤使用 ORDER BY 子句对查询结果进行排序。

⑥使用 LIKE 关键进行模糊查询。

⑦使用 GROUP BY 子句进行分组查询。

⑧使用 COUNT、MAX、MIN、AVG 和 SUM 等聚合函数。

⑨分别使用 CROSS JOIN、INNER JOIN、LEFT JOIN、RIGHT JOIN 和 FULL JOIN 等关键字进行多表间的交叉连接查询、内连接查询、左外连接查询、右外连接查询和全外连接查询。

⑩实现独立子查询和相关子查询。

## 拓 展 训 练

### 1. 知识训练

（1）填空题

①在 T-SQL 语言中，使用_____关键字可以消除重复值。

②在 T-SQL 语言中的 ORDER BY 子句中，使用 DESC 关键字可以实现对查询结果_____排列。

③在 T-SQL 语言中，与 LIKE 关键字一起使用，实现模糊查询的通配符中，_____表示 0 个、1 个或多个任意字符。

④在 T-SQL 语言中，使用_____子句实现进行分组查询。

⑤在 T-SQL 语言中，使用_____实现多表之间的交叉连接查询。

⑥在 T-SQL 语言中，使用_____聚合函数，实现对一组数据求和。

（2）选择题

①在 T-SQL 语言中的 ORDER BY 子句中，使用（　　　）可以实现对查询结果升序排列。

  A. DESC  B. ASC   C. TOP   D. PERCENT

  ② 在实际应用中，经常用到 SELECT INTO FROM 和 INSERT INTO SELECT 两种语句，关于二者的描述，下列（  ）不对的。

    A. 二者都可以实现对数据表中的数据进行复制

    B. SELECT INTO FROM 语句要求目标表不存在，插入时自动创建

    C. INSERT INTO SELECT 语句要求目标表存在

    D. SELECT INTO FROM 语句可以复制表中的数据，而 INSERT INTO SELECT 语句不能复制表中的数据

  ③ 在成绩表 score 中，查询成绩（列名为 mark）在 80 ~ 90 分之间（包括 80 分和 90 分）各记录的所有信息，下列语句（  ）不能实现。

    A. SELECT * FROM score WHERE 80=<mark<=90

    B. SELECT * FROM score WHERE mark>=80 AND mark<=90

    C. SELECT * FROM score WHERE mark BETWEEN 80 AND 90

    D. SELECT * FROM score WHERE mark<=90 AND mark>=80

  ④ 下列 SQL 语句，（  ）实现在学生表（表名为 student）中，查询姓刘的男生（姓名列名为 name，性别列名为 sex）的所有信息。

    A. SELECT * FROM student WHERE name=' 刘 ' AND sex=' 男 '

    B. SELECT 刘 FROM student WHERE sex=' 男 '

    C. SELECT * FROM student WHERE name=' 刘 ' OR sex=' 男 '

    D. SELECT * FROM student WHERE name LIKE' 刘 %' AND sex=' 男 '

  ⑤ 要统计学生表（表名为 student）中所有的女生（性别列名为 sex）来自几个不同城市（城市列名为 city），下列（  ）语句可以实现。

    A. SELECT COUNT(city) FROM student WHERE sex=' 女 '

    B. SELECT COUNT(DISTINCT city) FROM student WHERE sex=' 女 '

    C. SELECT city FROM student WHERE sex=' 女 '

    D. SELECT SUM(city) FROM student WHERE sex=' 女 '

  ⑥ 在 T-SQL 语言中，下列查询关键字不能实现外连接的是（  ）。

    A. LEFT OUTER JOIN      B. INNER JOIN

    C. RIGHT JOIN       D. FULL OUTER JOIN

 2. 技能训练

  在 "教学管理系统" 中，其数据库为 schoolDB，学生表 student 结构参见表 4-8，成绩表 score 结构参见表 6-1。

  使用 T-SQL 语句完成如下任务：

  （1）根据表 4-8 和表 6-1 分别创建学生表 student 和成绩表 score，如果数据库中已经存在这两个表，就不需要再创建。

  （2）在 student 表中添加 5 个学生的学生信息，他们的数据分别是：

  （15001、张飞、男、1980-05-09、广州市天河区、计算机网络技术、1501）

  （15002、刘备、男、1972-02-25、广州市越秀区、计算机网络技术、1501）

  （15003、关羽、男、1975-10-23、长沙市雨花区、软件技术、1503）

  （15004、关平、男、1995-05-16、长沙市天心区、计算机网络技术、1502）

（15005、小乔、女、1975-10-23、长沙市雨花区、软件技术、1503）

（3）在 score 表中添加 5 个学生的成绩信息，他们的数据分别是：

（15001、张飞、计算机网络基础、55）

（15002、刘备、数据库技术、80）

（15003、关羽、Java 程序设计、85）

（15004、关平、Windows 系统管理、58）

（15006、赵云、软件测试、90）

（4）查询学生表 student 中的所有记录的所有信息。

（5）查询学生表 student 中的"软件技术"专业学生的学号、姓名和班级编号。

（6）查询成绩表 score 中不及格的学生的学号和姓名。

（7）统计 1501 和 1502 班两个班的学生来自几个不同的地方。

（8）查询成绩表 score 中的所有信息，按成绩由低到高排列。

（9）统计各专业的学生人数。

（10）查询学生表 student 中姓"关"的学生信息。

（11）求成绩表 score 中的所有记录的平均成绩。

（12）查询学生的学号、姓名、班级编号、课程、成绩。

（13）使用左外连接查询，查询所有的学生信息，查询结果中包含学号、姓名、班级编号和成绩。

（14）使用右外连接查询，查询所有的成绩信息，查询结果中包含学号、姓名、成绩、专业和班级编号。

（15）使用全外连接查询，查询所有的学生信息和所有的成绩信息，查询结果中包含学号、姓名、班级编号、课程和成绩。

（16）使用子查询，求出班级为 1501 的学生的成绩总和。

# 创建与管理视图

视图是一种常见的数据库对象，是一个虚拟表，是从一个或多个数据表（可称为该视图的基表）导出的虚表。同表一样，视图包含一系列带有名称的列和行数据。视图的内容由定义视图的查询语句决定。数据库中只存储视图的定义，而不存储视图对应的数据，数据仍然存储在原来的基表中。当打开视图时，视图显示的数据是由定义视图的 SQL 语句对基表进行查询出来的结果。当基表中的数据发生变化时，从视图看到的相应数据也会随之变化。相反地，当对通过视图看到的数据进行修改时，相应的基表中的数据也会随之改变。

视图一经定义，就可以像数据表一样对其进行查询、添加、修改和删除数据。同时，使用视图将带来较多优点，具体体现在以下几方面：

① 能为用户集中组织数据，简化用户的数据查询和处理。有时用户所需要处理的数据分布在多个不同的数据表中，视图能将用户所需要的数据集中在一起，从而方便用户查询和处理。

② 可以隐藏数据库的复杂性。有时数据库中表结构、表之间的逻辑关系比较复杂，而这些复杂的结构和关系对用户来讲是不必要了解的，使用视图可以把这些复杂的结构和关系隐藏起来，简化数据的操作。

③ 简化用户权限管理，提供安全机制。通过对视图权限的设置，允许用户通过视图访问特定的数据，避免了用户直接访问基本表，有效地保护了基本表中数据的安全性。

④ 可以重新组织数据，为应用程序组织和输出数据。

**教学指导**

| 项目分解 | 任务 8-1 创建视图 |
| --- | --- |
| | 任务 8-2 修改视图 |
| | 任务 8-3 使用视图 |
| | 任务 8-4 删除视图 |
| 知识目标 | ① 掌握视图的概念和优点 |
| | ② 理解视图加密的含义和作用 |
| | ③ 掌握创建视图的 SQL 语法格式 |
| | ④ 掌握修改视图的 SQL 语法格式 |
| | ⑤ 理解视图和基本表之间的关系 |
| | ⑥ 掌握使用视图和删除视图的 SQL 语法格式 |

续表

| 技能目标 | ① 能够创建视图<br>② 能够修改视图的定义和对视图定义进行加密<br>③ 能够通过视图查询、添加、修改和删除数据<br>④ 能够删除视图 |
|---|---|
| 素养目标 | ① 树立精益求精、不断进取意识<br>② 认识科技重要性，提高科技强国意识<br>③ 增强民族自豪感 |

**项目提要**

除了基本的用户定义视图以外，MS SQL Server 还提供了索引视图、分区视图、系统视图等 3 种类型的视图，这些视图在数据库中起着特殊的作用。本项目主要针对基本的、用户定义的视图进行介绍。

本项目需要完成的内容是如何创建和管理视图。将分别使用 SSMS 工具和 T-SQL 语句两种方式在电子商务数据库 eshop 中创建视图，然后针对视图进行修改、使用和删除等操作。

# 任务 8-1 创 建 视 图

创建视图可以通过 SSMS 工具中的"查询和视图设计器"来实现，也可以通过 T-SQL 语句的 CREATE VIEW 语句来实现。

1. 任务描述

基于商品表 product 和供应商表 supplier，创建一个名为"view_supplier_三国通讯"的视图。该视图能够查看供应商名称为"三国通讯有限公司"的所有商品信息，包括商品编号 ProID、商品名称 ProName、库存 stock、单价 UnitPrice、供应商名称 SupName、联系人 Contact 等信息。

准备工作：先完成 product 表和 supplier 表的主键和外键的定义。product 表的主键为 ProID，supplier 表的主键为 SupID。product 表中 SupID 列和 supplier 表中 SupID 列构成外键关系。

2. 任务实现

（1）使用 SSMS 工具创建视图

▶ Step1：打开 SSMS 窗口，在"对象资源管理器"中，连接到 SQL Server 数据库引擎实例，然后展开该实例。

▶ Step2：依次展开"数据库"→"eshop"，右击"视图"，选择"新建视图"命令（见图 8-1），打开"添加表"对话框，如图 8-2 所示。

▶ Step3：在"添加表"对话框中，选择要在新视图中包含的元素"表"，选择 product 和 supplier 两个表（可按住【Ctrl】键进行多选），单击"添加"按钮，完成数据表的选择后，单击"关闭"按钮关闭"添加表"对话框。进入"视图设计器"界面，"视图设计器"分为 4 个窗格，从上向下依次为关系图窗格、条件窗格、SQL 语句窗格和结果窗格，如图 8-3 所示。

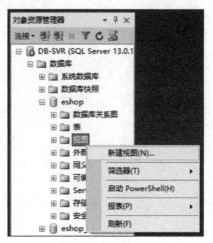

图 8-1 新建视图

图 8-2 "添加表"对话框

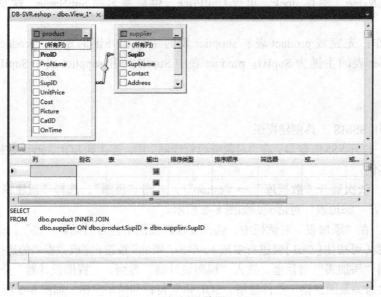

图 8-3 "视图设计器"界面

▶ Step4：在"关系图"窗格中，选择视图包含的列 ProID、ProName、Stock、UnitPrice、SupName、Contact，此时在窗格中显示所选择的列，在"SQL 语句"窗格中也自动显示相应的 SQL 语句，如图 8-4 所示。

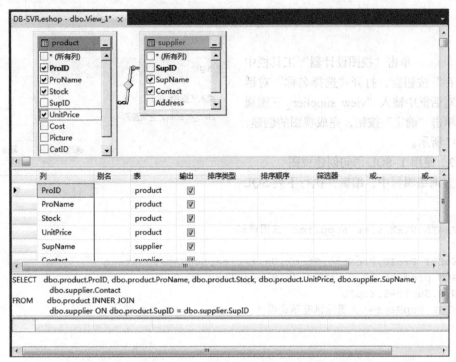

图 8-4　在"视图设计器"中选择列

▶ Step5：在"条件窗格"的 SupName 行中的"筛选器"单元格中输入"='三国通讯有限公司'"，完成查询条件设置，如图 8-5 所示。

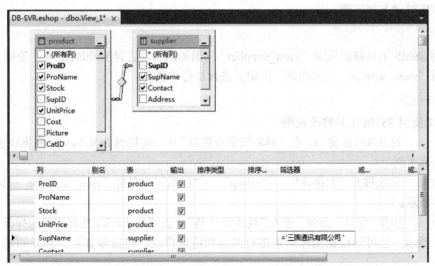

图 8-5　在"视图设计器"中设置查询条件

▶ Step6：单击"视图设计器"工具栏中的"执行"按钮，或选择"查询设计器"→"执行 SQL（X）"，执行 SQL 语句，在"结果窗格"中显示查询结果，如图 8-6 所示。

| | ProID | ProName | Stock | UnitPrice | SupName | Contact |
|---|---|---|---|---|---|---|
| ▶ | 10101 | 华为3G手机 | 20 | 1580 | 三国通讯有限公司 | 刘备 |
| | 10102 | 华为4G手机 | 35 | 1960 | 三国通讯有限公司 | 刘备 |
| | 10103 | 联想3G手机 | 59 | 1400 | 三国通讯有限公司 | 刘备 |
| | 10104 | 联想4G手机 | 45 | 1690 | 三国通讯有限公司 | 刘备 |

|◀ ◀ | 1　 /4 | ▶ ▶| ▶ | ⊕ | 单元格是只读的。

图 8-6　视图查询结果

● Step7：单击"视图设计器"工具栏中
的"保存"按钮 🖫，打开"选择名称"对话
框，在对话框中输入"view_supplier_ 三国通
讯"，单击"确定"按钮，完成视图的创建，
如图 8-7 所示。

（2）使用 T-SQL 语句创建视图

在查询编辑器中，编辑并执行下列 SQL
语句：

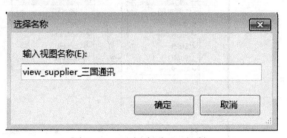

图 8-7　"选择名称"对话框

```
CREATE VIEW view_supplier_ 三国通讯
AS
SELECT ProID,ProName,Stock,UnitPrice,SupName,Contact
FROM product AS P INNER JOIN supplier AS S
ON P.SupID=S.SupID
WHERE SupName=' 三国通讯有限公司 '
```

## 任务 8-2　修 改 视 图

修改视图可以通过 SSMS 工具中的"视图设计器"来实现，也可以通过 T-SQL 语句的
ALTER VIEW 语句来实现。

1. 任务描述

使用 SSMS 工具修改视图"view_supplier_ 三国通讯"，去掉 UnitPrice 列。使用 T-SQL 语
句对视图"view_supplier_ 三国通讯"的定义进行加密和解密。

2. 任务实现

（1）使用 SSMS 工具修改视图

● Step1：打开 SSMS 窗口，在"对象资源管理器"中，连接到 SQL Server 数据库引擎实例，
然后展开该实例。

● Step2：依次展开"数据库"→"eshop"→"视图"，右击"view_supplier_ 三国通讯"，
如图 8-8 所示。

● Step3：选择"设计"命令，进入"视图设计器"，去掉 UnitPrice 列前面的选择标记"√"，
如图 8-9 所示。还可以根据实际需求进行其他相应的修改，包括添加表、修改筛选条件、排
序等。

● Step4：单击"视图设计器"工具栏中的"保存"按钮 🖫，保存修改的视图。

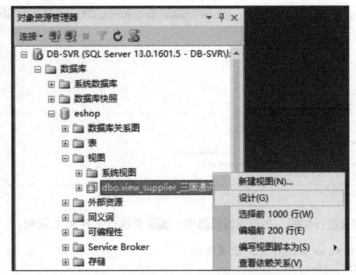

图 8-8 在"对象资源管理器"中选择视图

图 8-9 在"视图设计器"中修改视图

（2）使用 T-SQL 语句修改视图

使用 T-SQL 语句对视图"view_supplier_ 三国通讯"进行加密和解密操作。为了理解对视图定义加密的效果，可分几步来实现，首先查看视图"view_supplier_ 三国通讯"的定义，然后对视图"view_supplier_ 三国通讯"进行加密，加密后再执行查看视图"view_supplier_ 三国通讯"的 SQL 语句，检查是否能查看到视图"view_supplier_ 三国通讯"的定义，最后对视图"view_supplier_ 三国通讯"执行解密的操作。

① 查看视图的定义。在查询编辑器中，编辑并执行如下 SQL 语句：

```
sp_helptext '[dbo].[view_supplier_ 三国通讯 ]'
```

执行结果显示了视图"view_supplier_ 三国通讯"的详细定义语句，如图 8-10 所示。

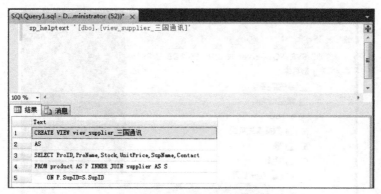

图 8-10  加密前查看视图定义

② 对视图定义进行加密。在查询编辑器中，编辑并执行下列 SQL 语句：

```
ALTER VIEW view_supplier_ 三国通讯
WITH ENCRYPTION
AS
SELECT ProID,ProName,Stock,UnitPrice,SupName,Contact
FROM product AS P INNER JOIN supplier AS S
ON P.SupID=S.SupID
WHERE SupName=' 三国通讯有限公司 '
```

③ 加密后再查看视图的定义。在查询编辑器中，编辑并执行下列 SQL 语句：

```
sp_helptext '[dbo].[view_supplier_ 三国通讯 ]'
```

执行结果无法显示视图 "view_supplier_ 三国通讯" 的详细定义语句，而是出现已加密的提示信息，如图 8-11 所示。

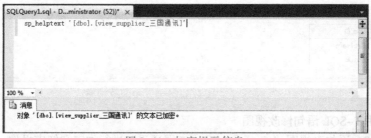

图 8-11  加密提示信息

④ 对视图定义进行解密。当视图 "view_supplier_ 三国通讯" 的定义被加密后，无法查看到视图定义，如果需要查看视图的定义，则需要对视图的定义进行解密。在查询编辑器中编辑并执行下列 SQL 语句进行解密。

```
ALTER VIEW view_supplier_ 三国通讯
--WITH ENCRYPTION
AS
SELECT ProID,ProName,Stock,UnitPrice,SupName,Contact
FROM product AS P INNER JOIN supplier AS S
ON P.SupID=S.SupID
WHERE SupName=' 三国通讯有限公司 '
```

# 任务 8-3　使用视图

视图是一个虚表，可以像操作基表一样对其进行查询，同时，也可以通过视图添加、修改和删除基表中的数据。特别强调：由于视图是虚表，本身不存储数据，所以对视图进行查询、添加、修改和删除操作时，实际是对定义该视图的基表中的数据进行操作，只不过是通过视图来实现而已。

## 1. 任务描述

本任务要求先针对商品表 product 创建一个视图 view_product，然后通过该视图完成查询数据、添加数据、修改数据和删除数据的操作。具体操作步骤如下：

① 创建一个基于商品表 product 的视图 view_product，视图中包括 ProID、ProName、Stock、UnitPrice 等信息。

② 通过视图 view_product 查询数据。

③ 通过视图 view_product 添加一条记录：（60103，' 海信 37 英寸电视机 '，15，1600）。

④ 通过视图 view_product 修改商品编号为"60103"的价格为 1 800。

⑤ 通过视图 view_product 删除商品编号为"60103"的商品。

## 2. 任务实现

（1）创建视图

针对商品表 product 创建一个视图 view_product，该视图中应包括 ProID、ProName、Stock、UnitPrice 等信息。在查询编辑器中，编辑并执行下列 SQL 语句完成视图 view_product 的创建。

```
USE eshop
GO
CREATE VIEW view_product
AS
SELECT ProID,ProName,Stock,UnitPrice
FROM product
```

（2）通过视图查询数据

当视图 view_product 创建完毕后，可通过视图 view_product 查询数据。在查询编辑器中，编辑并执行下列 SQL 语句完成查询数据的操作。

```
SELECT * FROM view_product
```

（3）通过视图添加数据

除了通过视图可以查询数据外，还可以通过视图添加数据。在查询编辑器中，编辑并执行下列 SQL 语句，实现通过视图 view_product 向基表中添加一条记录。

```
INSERT INTO view_product(ProID,ProName,Stock,UnitPrice)
VALUES(60103,' 海信 37 英寸电视机 ',15,1600)
```

（4）通过视图修改数据

通过视图 view_product 将基表 product 中商品编号为"60103"的商品单价修改为 1 800。在查询编辑器中，编辑并执行下列 SQL 语句实现商品单价的修改。

```
UPDATE view_product
SET UnitPrice=1800
WHERE ProID=60103
```

（5）通过视图删除数据

通过视图 view_product 实现删除基表中商品编号为"60103"的商品。在查询编辑器中，编辑并执行下列 SQL 语句完成删除商品的操作。

```
DELETE FROM view_product
WHERE ProID=60103
```

# 任务 8-4　删除视图

当视图不再需要时可以删除，删除视图实质是删除视图的定义，对该视图的基表及其数据没有影响。删除视图时，不会删除视图的基表和基表中的数据。删除视图可以通过 SSMS 工具中的"视图设计器"来实现，也可以通过 T-SQL 语句的 DROP VIEW 语句来实现。

1. 任务描述

在任务 8-3 中，已经针对商品表 product 创建了一个视图 view_product。本任务是删除该视图，要求使用 SSMS 工具和 T-SQL 语句两种方式删除视图。

2. 任务实现

（1）使用 SSMS 工具删除视图

▶ Step1：打开 SSMS 窗口，在"对象资源管理器"中，连接到 SQL Server 数据库引擎实例，然后展开该实例。

▶ Step2：依次展开"数据库"→"eshop"→"视图"，右击 view_product，如图 8-12 所示。

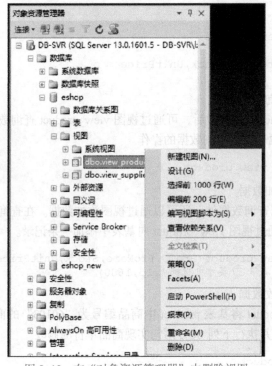

图 8-12　在"对象资源管理器"中删除视图

◉ Step3：选择"删除"命令，打开"删除对象"窗口，如图 8-13 所示。

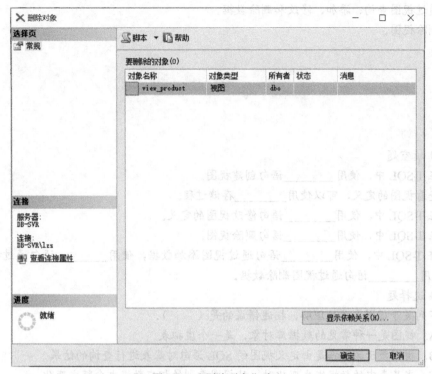

图 8-13 "删除对象"窗口

◉ Step4：单击"确定"按钮，完成视图的删除。

（2）使用 T-SQL 语句删除视图

在查询编辑器中，编辑并执行下列 SQL 语句即可删除视图 view_product。

```
DROP VIEW view_product
```

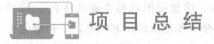 项 目 总 结

本项目详细介绍了视图的概念和使用视图的优点，以及视图创建、使用和删除的知识和技能。涉及的关键知识和关键技能如下：

1. 关键知识

① 视图的概念和优点。

② 对视图定义加密的含义和作用。

③ 创建视图的 SQL 语法格式。

④ 修改视图的 SQL 语法格式。

⑤ 视图和基本表之间的关系。

⑥ 使用视图和删除视图的 SQL 语法格式。

2. 关键技能

① 创建视图。

② 修改视图的定义，对视图定义进行加密。

③ 通过视图查询、添加、修改和删除数据。

④ 删除视图。

# 拓展训练

## 1. 知识训练

（1）填空题

① 在 T-SQL 中，使用_____语句创建视图。

② 查看视图的定义，可以使用_____存储过程。

③ 在 T-SQL 中，使用_____语句修改视图的定义。

④ 在 T-SQL 中，使用_____语句删除视图。

⑤ 在 T-SQL 中，使用_____语句通过视图添加数据，使用_____语句通过视图修改数据，使用_____语句通过视图删除数据。

（2）选择题

① 下列关于视图定义的理解，描述错误的是（　　　）。

    A. 视图是一种常见的数据库对象，是一个虚拟表

    B. 视图显示的数据是由定义视图的 SQL 语句对基表进行查询的结果

    C. 当基表中的数据发生变化时，从视图看到的相应数据也会随之变化

    D. 不能通过视图修改基本表中的数据

② 下列关于视图优点的描述，错误的是（　　　）。

    A. 视图能为用户集中组织数据，简化用户的数据查询和处理

    B. 视图不能隐藏数据库的复杂性

    C. 视图能简化用户权限管理，增加安全性

    D. 视图可以重新组织数据，为应用程序组织和输出数据

③ 创建视图 view1_score，通过视图能够查看成绩表 score 中成绩（列名为 mark）在 70 ~ 80 分之间（包括 70 分和 80 分）各记录的所有信息，下列语句（　　）可以实现。

    A. CREATE VIEW view1_score AS SELECT * FROM score WHERE mark BETWEEN 70 AND 80

    B. CREATE view1_score AS SELECT * FROM score WHERE mark>=70 AND mark<=80

    C. CREATE VIEW view1_score SELECT * FROM score WHERE mark BETWEEN 70 AND 80

    D. CREATE view1_score SELECT * FROM score WHERE mark>=70 AND mark<=80

④ 在 T-SQL 中，使用（　　　）选项对视图定义进行加密。

    A. CHECK OPTION            B. CREATE

    C. ENCRYPTION             D. ALTER

## 2. 技能训练

在"教学管理系统"中，其数据库为 schoolDB，学生表 student 结构参见表 4-8，成绩表 score 结构参见表 6-1。

使用 T–SQL 语句完成如下任务:

① 根据表 4–8 和表 6–1 分别创建学生表 student 和成绩表 score，如果数据库中已经存在这两个表，就不需要再创建，并添加一部分记录。

② 针对学生表 student，创建一个视图 VIEW1_student，通过该视图可以查询来自广州的学生信息。

③ 针对学生表 student 和成绩表 score，创建一个视图 VIEW2_student，通过该视图可以查询学生的学号、姓名、班级编号、课程、成绩。

④ 对已经创建的视图 VIEW1_student 的定义进行加密。

⑤ 通过视图 VIEW2_student，对所有学生的成绩加 5 分。

⑥ 删除视图 VIEW2_student。

# 创建与管理索引

索引是一种重要的数据库对象，它与表或视图相关联，是在数据库的表或者视图上创建的对象。索引包含由表或视图中的一列或多列生成的键，这些键存储在一个结构（B 树）中，使 SQL Server 可以快速有效地查找与键值关联的行。像书中目录一样，可以加快从表或视图中检索行的速度，同时，也能保证数据行的唯一性。如果一个数据表没有创建索引，那么数据是以堆的形式（不按任何特定顺序）存储。在 SQL Server 中，索引包含两种基本类型：聚集索引和非聚集索引。其次，还有唯一索引、全文索引、XML 索引、空间索引和列存储索引等。

聚集索引定义中包含聚集索引列。聚集索引根据数据行的键值在表或视图中排序来存储这些数据行。因此，数据表的物理存储顺序和索引顺序是一致的。每个表只能有一个聚集索引，因为数据行本身只能按一个顺序排序。

非聚集索引具有独立于数据行的结构。非聚集索引包含非聚集索引键值，并且每个键值项都有指向包含该键值的数据行的指针。从非聚集索引中的索引行指向数据行的指针称为行定位器，行定位器的结构取决于数据页是存储在堆中还是聚集表中。对于堆，行定位器是指向行的指针；对于聚集表，行定位器是聚集索引键。

## 教学指导

| 项目分解 | 任务 9-1　创建索引<br>任务 9-2　禁用与启用索引<br>任务 9-3　查看与删除索引 |
|---|---|
| 知识目标 | ① 理解索引的概念及作用<br>② 掌握索引的分类<br>③ 理解聚集索引和非聚集索引的内涵及区别<br>④ 掌握创建聚集索引和非聚集索引的 SQL 语法格式、创建前需注意的规则<br>⑤ 掌握禁用、启用、查看和删除索引的 SQL 语法格式 |
| 技能目标 | ① 能够使用 SSMS 工具和 T-SQL 创建聚集索引和非聚集索引<br>② 能够使用 SSMS 工具和 T-SQL 禁用和启用索引<br>③ 能够使用 SSMS 工具和 T-SQL 查看和删除索引 |
| 素养目标 | ① 培养探索、进取精神<br>② 增强科技发展自信心<br>③ 培养爱国主义精神 |

项目提要

本项目需要完成的内容是如何创建和管理索引，主要是针对聚集索引和非聚集索引，分别使用 SSMS 工具和 T-SQL 语句两种方式在电子商务数据库 eshop 中创建、禁用与启用、查看和删除索引。

# 任务 9-1  创 建 索 引

索引可以提高检索数据表中数据行的速度，但同时也增加了插入、更新和删除操作的处理时间。不合理的索引不但不会提高检索速度，反而影响数据的处理速度。因此，是否需要为表或视图创建索引，以及如何创建索引，是创建索引前必须要考虑的问题。创建索引前要考虑的事项很多，需要注意的规则也很多，下面介绍几点重要的规则：

① 数据表的记录太少，建议不要创建索引。

② 经常需要做数据更新操作（添加、修改和删除）的表应尽量减少索引，一般建议不要超过 3 个。

③ 对于在查询中很少使用的列不应该创建索引，而经常需要检索查询的列应该创建索引。

④ 不要在有大量相同值的列上创建索引。

创建索引可以通过 SSMS 工具来实现，也可以通过 T-SQL 语句的 CREATE INDEX 语句来实现。

## 1. 任务描述

① 针对会员表 member，创建一个非聚集索引 IX_member_MemName，以提高根据会员姓名称 MemName 进行查询的速度。

② 针对会员表 member，创建一个聚集索引 IX_member _MemID，以提高根据会员编号 MemID 进行查询的速度。

提醒：当表已设主键或唯一键时，系统自动为表创建索引。

## 2. 任务实现

（1）使用 SSMS 工具创建非聚集索引

▶ Step1：打开 SSMS 窗口，在"对象资源管理器"中，连接到 SQL Server 数据库引擎实例，然后展开该实例。

▶ Step2：依次展开"数据库"→"eshop"→"表"→"member"，右击"索引"，选择"新建索引"命令，如图 9-1 所示。

▶ Step3：选择"非聚集索引"命令，打开"新建索引"窗口，如图 9-2 所示。

▶ Step4：在左边选择页中选择"常规"，在右边"索引名称"对话框中有默认的索引名称，如果需要修改，可在文本框中输入相应的索引名称，如本例应输入 IX_member_MemName，如图 9-3 所示。

▶ Step5：在"索引键列"中单击"添加"按钮，打开选择列窗口，选择 MemName 列，如图 9-4 所示。

▶ Step6：选择列之后，单击"确定"按钮，返回"新建索引"窗口，可以看到所选择的索引列，如图 9-5 所示。

▶ Step7：单击"确定"按钮，完成非聚集索引 IX_member_MemName 的创建。

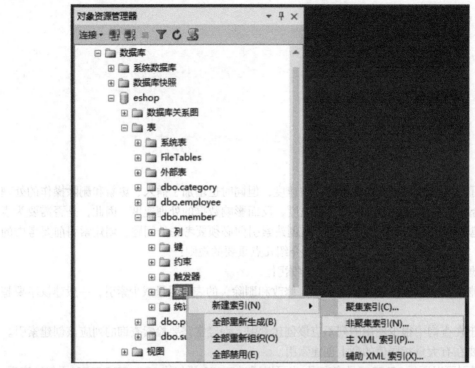

图 9-1 "对象资源管理器"中新建非聚集索引

图 9-2 "新建索引"窗口

图 9-3 在"新建索引"窗口中输入索引名称

图 9-4 选择列窗口

（2）使用 SSMS 工具创建聚集索引

● Step1：打开 SSMS 窗口，在"对象资源管理器"中，连接到 SQL Server 数据库引擎实例，然后展开该实例。

● Step2：依次展开"数据库"→"eshop"→"表"→"member"，右击"索引"，选择"新建索引"命令，如图 9-6 所示。

● Step3：选择"聚集索引"，打开"新建索引"窗口。

● Step4：在"常规"选项的"索引名称"文本框中输入 IX_member_MemID。

● Step5：在"索引键列"中单击"添加"按钮，打开选择列窗口，选择 MemID 列。

● Step6 和 Step7：与创建非聚集索引相同。

图 9-5 在"新建索引"窗口完成选择索引列

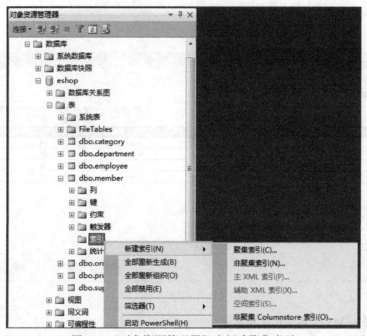

图 9-6 "对象资源管理器"中新建聚集索引

（3）使用 T-SQL 语句创建非聚集索引

针对会员表 member，在 MemName 列上创建一个非聚集索引 IX_member_MemName。在查询编辑器中，编辑并执行下列 SQL 语句即可实现。

```
USE eshop
GO
CREATE NONCLUSTERED INDEX IX_member_MemName
ON member(MemName)
```

（4）使用 T-SQL 语句创建聚集索引

针对会员表 member，在 MemID 列上创建一个聚集索引 IX_member_MemID。在查询编辑器中，编辑并执行下列 SQL 语句即可实现。

```
USE eshop
GO
CREATE CLUSTERED INDEX IX_member_MemID
ON member(MemID)
```

## 任务 9-2　禁用与启用索引

禁用与启用索引可以通过 SSMS 工具来实现，也可以通过 T-SQL 语句的 ALTER INDEX 语句来实现。

### 1. 任务描述

禁用索引可以防止用户访问索引，而对于聚集索引，则可以防止用户访问基础表数据。索引被禁用后一直保持禁用状态，直到它重新生成或删除。分别采用 SSMS 工具与 T-SQL 语句禁用和启用聚集索引 IX_member_MemID。

提醒：禁用索引，索引的定义仍然保留在数据库的元数据中。当禁用聚集索引时，会自动禁用非聚集索引。

### 2. 任务实现

（1）使用 SSMS 工具禁用和启用索引

▶ Step1：打开 SSMS 窗口，在"对象资源管理器"中，连接到 SQL Server 数据库引擎实例，然后展开该实例。

▶ Step2：依次展开"数据库"→"eshop"→"表"→"member"→"索引"，右击 IX_member_MemID，如图 9-7 所示。

图 9-7　在"对象资源管理器"中禁用和启用索引

◎ Step3：选择"禁用"命令将禁用此索引，打开"禁用索引"窗口，如图 9-8 所示。如果需要启用已禁用的索引，则选择图 9-7 中的"重新生成"命令，打开"重新生成索引"窗口，启用被禁用的索引，如图 9-9 所示。

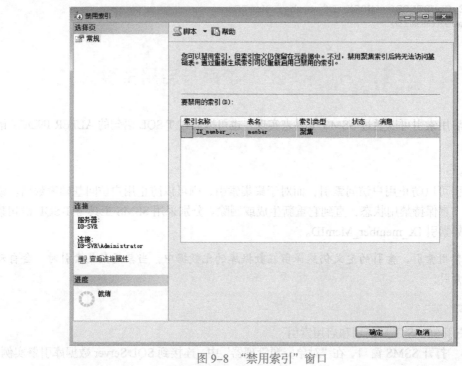

图 9-8　"禁用索引"窗口

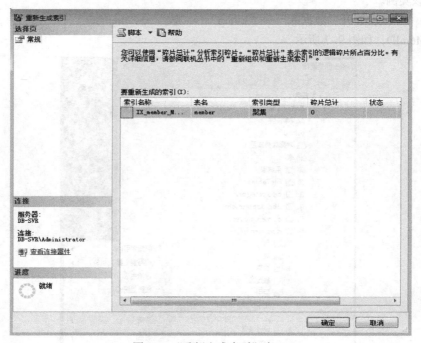

图 9-9　"重新生成索引"窗口

◎ Step4：单击图 9-8 中的"确定"按钮，打开禁用索引将无法访问基本表的提示框，如

图 9-10 所示。如果是启用索引，则直接单击图 9-9 中的"确定"按钮，完成索引的启用。

图 9-10 禁用索引提示框

Step5：单击"是"按钮，完成该索引的禁用。

（2）使用 T-SQL 语句禁用和启用索引

在会员表 member 中禁用聚集索引 IX_member_MemID。在查询编辑器中，编辑并执行下列 SQL 语句即可实现。

```
USE eshop
GO
ALTER INDEXIX_member_MemID ON member DISABLE
```

在会员表 member 中启用已经被禁用的聚集索引 IX_member_MemID。在查询编辑器中，编辑并执行下列 SQL 语句即可实现。

```
USE eshop
GO
ALTER INDEX IX_member_MemID ON member REBUILD
```

## 任务 9-3  查看与删除索引

通过查看索引，可以了解表的所有索引信息。如果需要查看某个索引的详细信息，在 SSMS 工具中，选择此索引的属性即可实现，操作比较简单，本任务不再详细介绍。当删除索引时需要注意，对于由 PRIMARY KEY 或 UNIQUE 约束自动创建的索引，要想删除这些索引，不能像用户手动创建的索引一样直接删除，而是必须通过删除该约束来删除索引。

1. 任务描述

① 使用 T-SQL 语句查看表 member 的所有索引信息。

② 使用 SSMS 工具和 T-SQL 语句删除 member 的聚集索引 IX_member_MemID。

2. 任务实现

（1）使用 T-SQL 语句查看索引

在查询编辑器中，编辑并执行下列 SQL 语句以查看 member 表的所有索引信息：

```
USE eshop
GO
SP_HELPINDEX member
```

查询结果如图 9-11 所示。

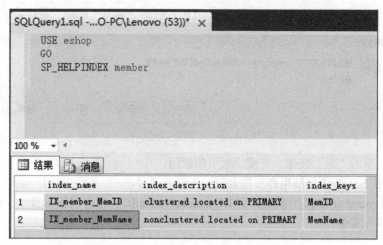

图 9-11　T-SQL 语句查看 member 表的索引

（2）使用 SSMS 工具删除索引

◉ Step1：打开 SSMS 窗口，在"对象资源管理器"中，连接到 SQL Server 数据库引擎实例，然后展开该实例。

◉ Step2：依次展开"数据库"→"eshop"→"表"→"dbo.member"→"索引"，右击 IX_member_MemID，如图 9-12 所示。

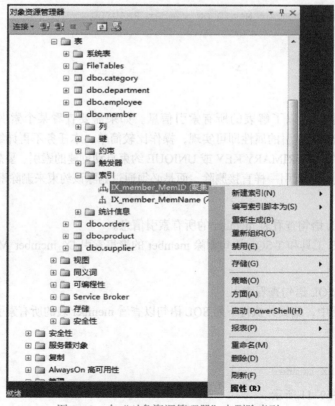

图 9-12　在"对象资源管理器"中删除索引

◉ Step3：选择"删除"命令，打开"删除对象"窗口，如图 9-13 所示。

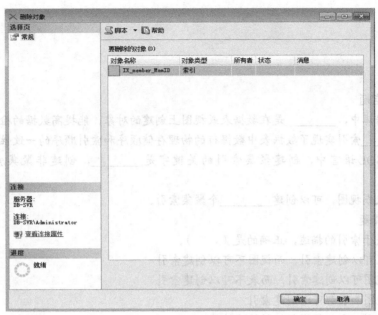

图 9-13 "删除对象"窗口

● Step4：单击"确定"按钮，完成该索引的删除。

（3）使用 T-SQL 语句删除索引

在查询编辑器中，编辑并执行下列 SQL 语句以禁用索引：

```
USE eshop
GO
DROP INDEX IX_member_MemID ON member
```

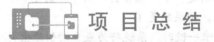 项 目 总 结

本项目详细介绍了索引的概念、作用及分类，聚集索引和非聚集索引的概念，创建索引前需要注意的规则，以及创建和管理索引的实践操作技能。涉及的具体关键知识和关键技能如下：

1. 关键知识

① 索引的概念及作用。

② 索引的分类。

③ 聚集索引的内涵。

④ 非聚集索引的内涵。

⑤ 创建聚集索引和非聚集索引的 SQL 语法格式、创建前需要注意的规则。

⑥ 禁用、启用、查看和删除索引的 SQL 语法格式。

2. 关键技能

① 使用 SSMS 工具和 T-SQL 创建聚集索引和非聚集索引。

② 使用 SSMS 工具和 T-SQL 禁用和启用索引。

③ 使用 SSMS 工具和 T-SQL 查看和删除索引。

# 拓 展 训 练

## 1. 知识训练

### （1）填空题

① 在数据库中，_____是在数据表或视图上创建的对象，能提高数据的检索速度。

② _____索引实现了数据表中数据行的物理存储顺序和索引顺序的一致性。

③ 在 T-SQL 语言中，创建聚集索引的关键字是_____，创建非聚集索引的关键字是_____。

④ 一个表或视图，可以创建_____个聚集索引。

### （2）选择题

① 下列关于索引的描述，正确的是（　　　）。

    A. 表可以创建索引，而视图不可以创建索引

    B. 视图可以创建索引，而表不可以创建索引

    C. 视图和表都可以创建索引

    D. 索引一定能提高数据的检索速度

② 下列索引中，能决定数据表中数据行物理存储顺序的是（　　　）。

    A. 聚集索引　　　　　　　　　　　B. 唯一索引

    C. 非聚集索引　　　　　　　　　　D. 全文索引

③ 下列关于聚集索引和非聚集索引的描述中，正确的是（　　　）。

    A. 一个表可以创建多个聚集索引

    B. 一个表最多只能创建一个非聚集索引

    C. 一个表聚集索引和非聚集索引都只能创建一个

    D. 一个表最多只能创建一个聚集索引，而可以创建多个非聚集索引

④ 下列关于索引的描述，错误的是（　　　）。

    A. 当表已设主键或唯一键时，系统将为表自动创建索引

    B. 数据表中如果记录太少，建议不要创建索引

    C. 禁用索引就相当于删除了索引

    D. 使用 SP_HELPINDEX 存储过程可以查看索引的信息

## 2. 技能训练

在"教学管理系统"中，其数据库为 schoolDB，学生表 student 的结构参见表 4-8。

使用 T-SQL 语句完成如下任务：

① 根据表 4-8 创建学生表 student，如果数据库中已经存在此表，就不需要再创建。

② 针对学生表 student，根据学号 stuID 列，创建一个聚集索引 IX_student_stuID。

③ 针对学生表 student，根据姓名 stuName 列，创建一个非聚集索引 IX_student_stuName。

④ 禁用 IX_student_stuID 索引。

⑤ 启用 IX_student_stuID 索引。

⑥ 查看学生表 student 上的所有索引，然后删除 IX_student_stuName 索引。

# 项目 10

# T-SQL 编程

T-SQL 是微软公司以标准的 ANSI-SQL 为基础，不但提供标准的 SQL 语句，还对其进行扩展、改变和补充，并应用于 Microsoft SQL Server 中。因此，T-SQL 实际上是微软公司对 ANSI-SQL 的扩展增强版。

**教学指导**

| 项目分解 | 任务 10-1  掌握 T-SQL 编程基础 |
| | 任务 10-2  学习与应用流程控制语句 |
| | 任务 10-3  学习与应用函数 |
| 知识目标 | ① 掌握注释、批处理、变量 |
| | ② 掌握分支语句 |
| | ③ 掌握循环语句 |
| | ④ 掌握 goto、return、waitfor 等相关语句 |
| | ⑤ 掌握常用的内置函数 |
| | ⑥ 掌握用户自定义函数 |
| 技能目标 | ① 能够应用标识符、注释、批处理、变量等 |
| | ② 能够应用分支、循环等控制语句，以及 goto、return、waitfor 等语句 |
| | ③ 能够使用 SQL Server 提供的内置函数 |
| | ④ 能够熟练定义用户函数 |
| 素养目标 | ① 提供沟通表达和团队协作能力 |
| | ② 培养诚实、守信品格 |
| | ③ 培养规矩意识 |

**项目提要**

T-SQL 在可编程方面提供了较多的扩展，类似于其他编程语言（如 C 语言、Java 语言等）所具有的基本功能，如变量、表达式、流程控制、函数等。整个项目首先讲解 T-SQL 编程基础，然后通过流程控制语句和函数实现不同的目标。

## 任务 10-1  掌握 T-SQL 编程基础

在可编程方面，T-SQL 提供了注释、批处理、变量等编程所应具有的基本内容。

**1. 任务描述**

以电子商务系统的 eshop 数据库中的数据为例，介绍 T-SQL 的注释、批处理、变量等可编程相关内容的知识和实践操作。

**2. 任务实现**

**（1）注释**

注释是程序中不被执行的、用作描述性的字符串，起到说明性的作用。通常，在 3 种情况下使用注释：第一种情况是对程序代码进行概括性的描述，例如描述程序的名称、作者姓名、修改日期、版本号、功能算法、变量说明等信息；第二种情况是对某段代码进行介绍性的说明描述，以增加代码的可读性；第三种情况是在调试时，将程序中暂不需要执行的那部分代码进行注释，当需要执行时再取消注释。

SQL Server 注释可分为单行注释和多行注释两种。

① 单行注释：使用双连接符(--)的注释方式。表示从双连接符开始到行尾的部分都是注释内容。

② 多行注释：使用斜杠星号字符（/*…*/）的注释方式。注释部分以"/*"开始，以"*/"结束，中间所有的字符串均为注释内容。但多行注释不能跨越批处理，一个多行注释必须包含在一个批处理内。

例如，在 eshop 数据库中，先查询产品表的基本信息，然后再查询单价在 1200 以上的产品编号、产品名称、库存和单价，并以注释进行说明描述。在查询编辑器中，编辑并执行代码如下：

```
USE eshop
-- 查询产品表基本信息
SELECT * FROM product
/*
    查询单价在 1 200 以上的产品编号、产品名称、
    产品库存和单价等信息
*/
SELECT ProID,ProName,Stock,UnitPrice FROM product WHERE UnitPrice>1200
```

**（2）批处理**

批处理是由一条或多条 SQL 语句构成的语句集合，这些语句集合作为一个逻辑单元，被客户端提交给服务器端后，SQL Server 将此批处理作为一个整体来进行分析、编译和执行。在编写批处理时，使用 GO 命令来标识一个批处理的结束，但 GO 命令本身不是 T-SQL 语句。GO 命令通过 3 种情形来标识批处理：第一种情形是 GO 之前的语句集作为一个批处理；第二种情形是将两个 GO 之间的语句集作为一个批处理；第三种情形是最后一个 GO 之后的语句作为一个批处理。

例如，在 eshop 数据库中，针对会员表 member 先创建一个视图，该视图用于查询地址来自"长沙"的会员信息，然后通过该视图查询会员的信息。在查询编辑器中，编辑并执行代码如下：

```
USE eshop
GO
CREATE VIEW view_member
AS
    SELECT * FROM member WHERE Address like '%长沙%'
GO
SELECT * FROM view_member
```

该例子使用两个 GO 命令将所有语句形成了 3 个批处理执行。

提醒：在使用批处理时，请注意遵守如下原则。

① 不能将多行注释跨越两个批处理。

② 不能在一个批处理中引用另一个批处理定义的变量。

③ 不能在一个批处理中修改一个对象的结构（例如，为表添加新列），然后在同一个批处理中立即引用刚修改的结构（例如，刚才表添加的新列）。

④ 大部分 CREATE 语句（例如 CREATE DATABASE、CREATE TABLE、CREATE VIEW、CREATE TRIGGER、CREATE PROCEDURE 等）需要放在单独的一个批处理中，不要与其他语句放在同一批处理中。

**（3）变量**

变量用于临时保存数据值，变量中的数据值可随着程序执行而改变。变量包含变量名和数据类型两个属性。变量名的作用是标识变量，数据类型则决定变量能存放的数据值格式及对数据值的操作。根据变量的作用范围不同，可分为局部变量和全局变量。

① 变量标识符：每个变量都有一个标识符，变量标识符与 SQL Server 数据库中其他对象的标识符一样，遵守相应的规则。标识符通常以字母、下画线、@ 或 # 开头，后续字符可以是任意个字母、数字、下画线、美元符号（$）、@ 或 #，但是不能全为下画线，也不能是 T-SQL 保留字。

② 全局变量：由 SQL Server 数据库系统提供，全局变量名称使用两个 "@" 符号作为前缀。全局变量可以像函数一样进行调用。系统提供的全局变量较多，常见的全局变量如下：

- @@ERROR：返回最后一个 T-SQL 错误的错误号。
- @@IDENTITY：返回最后一次插入的标识值。
- @@SERVERNAME：返回本地服务器名称。
- @@VERSION：返回 SQL Server 的版本信息。
- @@MAX_CONNECTIONS：返回可以创建的最大连接数。

例如，在查询分析器中，编辑并执行如下语句：

```
SELECT @@SERVERNAME AS "服务器名称"
GO
SELECT @@VERSION AS "版本信息"
GO
SELECT @@MAX_CONNECTIONS AS "最大连接数"
```

③ 局部变量：用于保存某个数据值，例如运算过程中的中间结果、循环结构中的循环变量。局部变量的名称使用一个 "@" 符号作为前缀。局部变量在使用前，需先声明并赋值。

局部变量的声明采用 DECLARE 语句来实现，语法格式如下：

```
DECLARE {@局部变量 数据类型 [=值]}
```

局部变量的赋值采用 SET 或 SELECT 语句来实现，语法格式如下：

```
SET @局部变量 = 表达式或值
SELECT {@局部变量 = 表达式}
```

例如，创建局部变量 @Proname、@Stock 并以 SET 语句进行赋值，然后以 SELECT 语句输出变量的值。在查询编辑器中，编辑并执行代码如下：

```
DECLARE @Proname varchar(20),@Stock int
SET @Proname='华为4G手机'
```

```
SET @Stock=30
SELECT @Proname AS 产品名称,@Stock AS 库存
```

例如，创建局部变量 @Memname、@Address 并以 SELECT 语句进行赋值，然后以 SELECT 语句输出变量的值。在查询编辑器中，编辑并执行代码如下：

```
DECLARE @Memname varchar(20),@Address varchar(30)
SELECT @Memname=' 孙权 '
SELECT @Address=' 广东省广州市天河区 '
SELECT @Memname AS 会员姓名 ,@Address AS 地址
```

例如，创建一个保存类别编号值的局部变量 @CatID，然后在 product 表中查询产品类别编号（例如，类别编号为 101）为局部变量值的产品名称（Proname）、单价（UnitPrice）与类别编号（CatID)。在查询编辑器中，编辑并执行代码如下：

```
USE eshop
GO
DECLARE @CatID int
SET @CatID=101
SELECT ProName,UnitPrice,CatID FROM product
WHERE CatID=@CatID
```

## 任务 10-2　学习与应用流程控制语句

流程控制语句用于控制程序的执行流程。在 SQL Server 中，流程控制涉及的语句包括分支、循环或其他相关语句。常见的语句如下：

① 语句块语句：BEGIN...END 语句。

② 分支语句：IF...ELSE 语句、CASE 语句。

③ 循环语句：WHILE 语句以及 BREAK、CONTINUE 语句。

④ 其他相关语句：GOTO、RETURN、WAITFOR 等语句。

### 1. 任务描述

以电子商务系统的 eshop 数据库中的数据为例，介绍语句块 BEGIN...END 语句、分支语句 IF...ELSE 语句和 CASE 语句、循环语句 WHILE 语句，以及 GOTO、RETURN、WAITFOR 等语句知识与实践操作。

### 2. 任务实现

#### （1）BEGIN...END 语句

在 T-SQL 中，使用 BEGIN...END 语句标识一个语句块，一个语句块以 BEGIN 开始，以 END 结束。一个语句块中可以包含多条 T-SQL 语句，在这个语句块中的所有语句，作为一组来执行，属于同一个执行流程。另外，BEGIN...END 语句块允许嵌套。使用 BEGIN…END 语句定义语句块的语法格式如下：

```
BEGIN
     {T-SQL语句 | 语句块}
END
```

例如，以语句块的形式查询 eshop 数据库中会员表 member 中的记录信息及订单表 orders

中的记录信息。在查询编辑器中，编辑并执行下列 SQL 语句即可完成。

```
USE eshop
GO
BEGIN
SELECT * FROM member
SELECT * FROM orders
END
```

**（2）IF...ELSE 语句**

分支语句是根据给定的条件进行判断，当条件为真或假时分别执行不同的 T-SQL 语句流程。IF...ELSE 语句是 T-SQL 实现分支流程控制的重要语句。IF...ESLE 语句的语法格式如下：

```
IF 条件表达式
    {T-SQL 语句 1| 语句块 1}
[ELSE
    {T-SQL 语句 2| 语句块 2}]
```

语法说明：在以上语法格式中，当条件表达式的结果为真时，执行 {T-SQL 语句 1| 语句块 1}，当条件表达式的结果为假时，执行 {T-SQL 语句 2| 语句块 2}。ELSE 子句部分，是可选项，即如果只有一个分支流程，则不需要 ELSE 子句部分；如果有两个分支流程，则需要 ELSE 子句部分。

IF 分支语句的执行流程如图 10-1 所示。

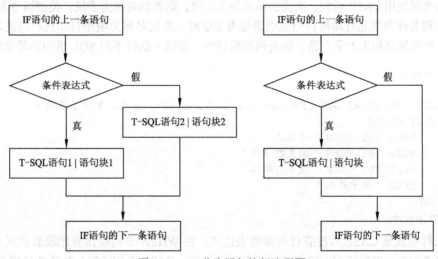

图 10-1　IF 分支语句执行流程图

例如，查询供应商表 supplier，如果存在供应商编号 14001 的记录，则显示"编号为 14001 的供应商记录已经存在"消息，并输出此供应商的所有信息，否则插入供应商记录（14001,'三国通讯有限公司 ',' 刘备 ',' 广州市天河区 ','11111111'）。在查询编辑器中，编辑并执行下列 SQL 语句即可完成。

```
USE eshop
GO
IF EXISTS (SELECT * FROM supplier WHERE SupID=14001)
    BEGIN
```

```
        PRINT '编号为14001的供应商记录已经存在'
      SELECT * FROM supplier WHERE SupID=14001
    END
ELSE
   INSERT INTO supplier(SupID,SupName,Contact,Address,Telephone)
   VALUES(14001,'三国通讯有限公司','刘备','广州市天河区','11111111')
```

（3）CASE 语句

在 T-SQL 语言中，CASE 语句是实现多分支流程控制的重要语句，根据条件表达式的值来决定执行哪个分支流程。CASE 语句有两种语法格式：第一种格式是 CASE 后带有条件表达式，如果该条件表达式的值为相应 WHEN 子句后的值，则执行对应的结果表达式或返回相对应的值；如果条件表达式的值没有任何一个 WHEN 子句后的值与其匹配，则执行 ELSE 子句后的表达式。CASE 语句的第一种语法格式如下：

```
CASE 条件表达式
    WHEN 值1 THEN 结果表达式1
    WHEN 值2 THEN 结果表达式2
    ...
WHEN 值n THEN 结果表达式n
[ELSE 结果表达式X]
END
```

例如，查询 eshop 数据库中产品表 product 的产品编号、产品名称、单价、产品类别名称，其中产品类别使用 CASE 语句，当类别编号为 101 时，则类别名称为手机；类别编号为 201 时，则产品类别名称为激光打印机；当类别编号为 202 时，类别名称为喷墨打印机；当类别编号为其他时，则类别名称为电子产品。在查询编辑器中，编辑并执行下列 SQL 语句即可完成。

```
USE eshop
GO
SELECT  ProID AS 编号,ProName AS 名称,UnitPrice AS 单价,类别 =
    CASE CatID
        WHEN 101 THEN '手机'
        WHEN 201 THEN '激光打印机'
        WHEN 202 THEN '喷墨打印机'
        ELSE '电子产品'
    END
FROM product
```

第二种格式是 CASE 后没有任何参数表达式，在 WHEN 子句后接有比较表达式，如果比较表达式值为真，则执行对应的 THEN 子句后的语句。CASE 语句的第二种语法格式如下：

```
CASE
    WHEN 比较表达式1 THEN 结果表达式1
    WHEN 比较表达式2 THEN 结果表达式2
    ...
WHEN 比较表达式n THEN 结果表达式n
[ELSE 结果表达式X]
END
```

例如，查询 eshop 数据库中产品表 product 的产品编号、产品名称、单价级别，其中单价大于等于 2 000 的级别为"价格高"，单价小于 2 000 而大于等于 1 000 的级别为"价格中等"，其他价格的级别为"价格低"。在查询编辑器中，编辑并执行下列 SQL 语句即可完成。

```
USE eshop
GO
SELECT  ProID AS 编号,ProName AS 名称,单价级别 =
    CASE
        WHEN UnitPrice>=2000 THEN '价格高'
        WHEN UnitPrice>=1000 and UnitPrice<2000 THEN '价格中等'
        ELSE '价格低'
    END
FROM product
```

（4）WHILE 语句

对于循环流程控制，在 T-SQL 中，使用 WHILE 语句来实现，当 WHILE 关键字后的循环条件表达式值为 TRUE 时，重复执行一条语句或包含多条语句的语句块（也称循环体），直到条件表达式值为 FALSE 或 UNKNOWN 时，终止循环，执行循环体外的下一条语句。其语法格式如下：

```
WHILE 条件表达式
   {T-SQL 语句 | 语句块 }
```

WHILE 循环语句执行流程如图 10-2 所示。

图 10-2　WHILE 循环语句执行流程图

例如，在 eshop 数据库的产品表 product 中，对产品编号为 10101 的单价加价，每次加价 50，加到单价稍高于 2 000 即可，并统计加价的次数。在查询编辑器中，编辑并执行下列 SQL 语句即可完成。

```
USE eshop
GO
DECLARE @ProID INT,@UnitPrice SMALLMONEY,@count INT
SET @ProID=10101
SET @UnitPrice=0
SET @count=0
WHILE (SELECT UnitPrice FROM product WHERE ProID=10101)<2000
    BEGIN
        UPDATE product SET UnitPrice=UnitPrice+50 WHERE  ProID=10101
            SET @count=@count+1
    END
```

```
SELECT @UnitPrice=UnitPrice FROM product WHERE ProID=10101
SELECT @ProID AS 产品编号,@UnitPrice AS 新单价,@count AS 加价次数
```

另外，在 WHILE 循环体内可以使用 BREAK、CONTINUE 关键字来控制循环语句的执行过程。BREAK 表示退出本层循环，继续执行循环体之后的语句。CONTINUE 表示中断本次循环，继续执行下一次循环。

例如，输出 1~50 之间奇数之和小于 30 的奇数。在查询编辑器中，编辑并执行下列 SQL 语句即可完成。

```
DECLARE @sum INT,@n INT
SET @sum=0
SET @n=0
WHILE @n<=50
   BEGIN
      SET @n=@n+1
         IF ((@n%2)=0)
            CONTINUE
         PRINT @n
         SET @sum=@sum+@n
         IF(@sum>=30)
            BREAK
   END
```

（5）GOTO、RETURN 和 WAITFOR 语句

在 T-SQL 中，GOTO 语句实现了无条件的转移，即无条件地将执行流程转移到指定的标号位置。GOTO 语句的语法格式如下：

```
GOTO 标号
```

语法说明：其中"标号"是指向的语句标号，标号定义必须符合 T-SQL 标识符规则。语句标号的形式如下：

```
标号：T-SQL 语句
```

在 T-SQL 中，RETURN 语句表示无条件地退出，不执行位于 RETURN 之后的语句，通常用于存储过程、批处理和语句块中。RETURN 的语法格式如下：

```
RETURN [表达式]
```

语法说明：RETURN 后的表达式为可选项，如果没有表达式，则退出程序并返回一个空值；如果用在存储过程中，则可以返回整型值的表达式。特别注意，当用于存储过程时，RETURN 不能返回空值。

例如，在 eshop 数据库的产品表 product 中，查询产品编号为 10101 的产品库存，如果库存为 0，则显示"编号为 10101 的产品不可销售"，否则显示"编号为 10101 的产品可以销售"。在查询编辑器中，编辑并执行下列 SQL 语句即可完成。

```
USE eshop
GO
IF (SELECT Stock FROM product WHERE ProID=10101)=0
    GOTO nosale
ELSE
```

```
         GOTO sale
sale:
     BEGIN
          PRINT '编号为 10101 的产品可以销售'
                RETURN
     END
  nosale:
     BEGIN
          PRINT '编号为 10101 的产品不可销售'
                RETURN
     END
```

在 T-SQL 中，WAITFOR 语句设置了 WAITFOR 关键字之后的语句，需等待一定时间或在未来某个指定时间才执行，一般用于语句块、存储过程或事务执行的时间或等待的时间。WAITFOR 语句的语法格式如下：

```
WAITFOR {DELAY '等待时间' | TIME '指定时间'}
```

例如，在查询 eshop 数据库的产品表 product 中的记录时，如果输入变量 @input 为整数 1 时，则等待 1 min 后查询 product 表的记录，否则在下午 15:30 时查询 product 表的记录。在查询编辑器中，编辑并执行下列 SQL 语句即可完成。

```
USE eshop
GO
DECLARE @input INT
SET @input=1
IF ( @input=1)
     BEGIN
          WAITFOR DELAY '00:01:00'
          SELECT * FROM product
     END
ELSE
BEGIN
          WAITFOR TIME '15:30:00'
          SELECT * FROM product
     END
```

## 任务 10-3　学习与应用函数

函数是 SQL Server 数据库系统提供的重要数据对象。SQL Server 提供了丰富的系统内置函数，用户无须定义可以直接调用。可以在 SSMS 的 "对象资源管理器" 中查看，查看的方法如下：打开 SSMS 工具，在 "对象资源管理器" 中，展开 "数据库" → "eshop" → "可编程性" → "函数" → "系统函数"，展开后可以看到 SQL Server 提供了 13 种类型的内置函数，包括聚合函数、配置函数、游标函数、日期和时间函数、数学函数、元数据函数、层次结构 ID 函数、行集函数、安全函数、字符串函数、文本和图像函数、系统统计函数、其他函数等。本书的附录 B 提供了常用的系统内置函数。

除了系统内置函数，用户也可以自己定义函数（即用户自定义函数）。用户可以自己定义标量值函数、内联表值函数和多语句表值函数等 3 种类型的函数。函数的定义使用 CREATE FUNCTION 语句，函数的修改使用 ALTER FUNCTION 语句，函数的删除使用 DROP FUNCTION 语句。本任务将详细介绍用户自定义函数的创建和调用，而用户自定义函数的修改、删除，以及系统内置函数等内容，读者可自行进行了解与学习。

### 1. 任务描述

以电子商务系统的 eshop 数据库中的数据为例，介绍标量值函数、内联表值函数和多语句表值函数等 3 种用户自定义函数的知识与实践操作。

### 2. 任务实现

#### （1）标量值函数

标量值函数是指返回值为标量值（单个值）的函数，但其输入可以有多个输入参数，根据不同的输入参数值返回不同的标量值。在标量值函数的函数体中可以包含一条或多条 T-SQL 语句。定义标量值函数的语法格式如下：

```
CREATE FUNCTION [ 架构名 .] 函数名 ([{ 参数 [AS] 类型 [= 默认值 ]}[,…n]])
RETURNS 返回值类型
[WITH 选项 ]
[AS]
BEGIN
    函数体
    RETURN 标量表达式
END
```

定义完标量值函数后，可以调用该函数实现相应的函数功能。标量值函数的调用有两种方法：一种是通过 SELECT 语句进行调用；另一种是使用 T-SQL 中的 EXECUTE（或 EXEC）进行调用。

例如，针对 eshop 数据库中的 product 表，创建一个函数，统计同类产品的库存数量，并通过此函数查看产品类别编号为 101 的产品库存数量。

① 定义函数。在查询编辑器中，编辑并执行下列 SQL 语句即可完成。

```
USE eshop
GO
CREATE FUNCTION fun_stock_total(@CatID INT)
RETURNS INT
BEGIN
    DECLARE @sum INT
    SELECT @sum=SUM(Stock) FROM product
    GROUP BY  CatID
    HAVING CatID=@CatID
    RETURN @sum
END
```

定义完函数后，在"对象资源管理器"中，展开"数据库"→"eshop"→"可编程性"→"函数"→"标量值函数"，能查看到刚才创建的标量值函数 dbo.fun_stock_total()（其中，dbo 为默认的架构名）。

② 调用函数。调用刚才定义好的标量值函数 fun_stock_total()，产品类别参数值为 101，两种调用方法如下：

第一种方法，在查询编辑器中，编辑并执行下列语句：

```
USE eshop
GO
SELECT dbo.fun_stock_total(101)
```

第二种方法，在查询编辑器中，编辑并执行下列语句：

```
USE eshop
GO
EXEC dbo.fun_stock_total @CatID=101
```

（2）内联表值函数

内联表值函数是指返回值为一个表（Table）的函数。内联表值函数支持输入参数，除这点与视图不同外，其他方面都与视图相似，因此，内联表值函数可以提供参数化的视图功能。能用到表或视图的地方，都可以使用内联表值函数。定义内联表值函数的语法格式如下：

```
CREATE FUNCTION [ 架构名 .] 函数名 ([{ 参数 [AS] 类型 [= 默认值 ]}[,…n]])
RETURNS TABLE
[WITH 选项 ]
[AS]
RETURN (SELECT 语句 )
```

定义完内联表值函数后，可以调用该函数实现相应的函数功能。内联表值函数的调用通过 SELECT 语句实现。

例如，针对 eshop 数据库中的 product 表，创建一个函数，输入产品编号，返回对应的产品名称、库存、单价等信息，并通过此函数查看产品类别编号为 10101 的产品名称、库存和单价。

① 定义函数。在查询编辑器中，编辑并执行下列 SQL 语句即可完成。

```
USE eshop
GO
CREATE FUNCTION fun_product_proID(@ProID INT)
RETURNS TABLE
AS
```

RETURN (SELECT ProName,Stock,UnitPrice FROM product WHERE ProID=@ProID) 定义完函数后，在"对象资源管理器"中，展开"数据库"→"eshop"→"可编程性"→"函数"→"表值函数"，能查看到刚才创建的内联表值函数 dbo.fun_product_proID。

② 调用函数。调用刚才定义好的内联表值函数 fun_product_proID()，产品编号参数值为 10101，在查询编辑器中，编辑并执行下列语句：

```
USE eshop
GO
DECLARE @proID INT
SET @proID=10101
SELECT * FROM dbo.fun_product_proID(@proID)
```

（3）多语句表值函数

多语句表值函数与内联表值函数一样，其返回值也是一个表。与内联表值函数不同的是，内联表值函数返回的是单个 SELECT 语句的查询结果，而多语句表值函数可以包含多条 T-SQL 语句而形成函数体。这些语句可以生成行并将行插到表中，然后返回表，而且像标量值函数一样以 BEGIN…END 来标识函数体。因此，多语句表值函数实际上是标量值函数与内联表值函数的结合体。定义多语句表值函数的语法格式如下：

```
CREATE FUNCTION [ 架构名 .] 函数名 ([{ 参数 [AS] 类型 [= 默认值 ]}[,…n]])
RETURNS @返回变量 TABLE
[WITH 选项]
[AS]
BEGIN
    函数体
    RETURN
END
```

定义完多语句表值函数后，可以调用该函数实现相应的函数功能。多语句表值函数的调用与内联表值函数的调用一样，通过 SELECT 语句实现。

例如，针对 eshop 数据库中的 product 表和 category 表，创建一个函数，输入产品类别编号，显示该类产品的各产品库存和单价等信息，并通过此函数查看产品类别编号为 101 的各产品相关信息。

① 定义函数。在查询编辑器中，编辑并执行下列 SQL 语句即可完成。

```
USE eshop
GO
CREATE FUNCTION fun_product_stock(@CatID INT)
RETURNS @stock TABLE
(
    ProID INT,
    ProName VARCHAR(30),
    Stock INT,
    UnitPrice SMALLMONEY,
    CatName VARCHAR(30)
)
AS
BEGIN
    INSERT @stock
        SELECT P.ProID,P.ProName,P.Stock,P.UnitPrice,C.CatName
            FROM  product AS P INNER JOIN category AS C
            ON P.CatID=C.CatID
            WHERE P.CatID=@CatID
    RETURN
END
```

定义完函数后，在"对象资源管理器"中，展开"数据库"→"eshop"→"可编程性"→"函数"→"表值函数"，能查看到刚才创建的多语句表值函数 dbo. fun_product_stock()。

② 调用函数。调用刚才定义好的多语句表值函数 fun_ fun_product_stock()，产品编号参数值为 101。在查询编辑器中，编辑并执行下列语句：

```
USE eshop
GO
SELECT * FROM dbo.fun_product_stock(101)
```

# 项 目 总 结

本项目详细介绍了 T-SQL 语言的注释、批处理和变量等基础知识，语句块、分支、循环等流程控制语句，以及用户自定义函数等知识和实践技能。涉及的具体关键知识和关键技能如下：

## 1. 关键知识

① 单行与多行注释，以及批处理的作用。

② 全局变量与局部变量的概念与区别。

③ IF...ELSE 语句、CASE 语句等分支语句的执行流程及语法格式。

④ WHILE 循环语句的执行流程及语法格式。

⑤ GOTO、RETURN 和 WAITFOR 语句的作用。

⑥ 标量值函数、内联表值函数和多语句表值函数的概念及语法格式。

## 2. 关键技能

① 实现单行注释、多行注意，以及批处理。

② 使用全局变量与局部变量。

③ 使用 BEGIN...END、IF...END、CASE、WHILE、GOTO、RETURN 和 WAITFOR 等语句。

④ 创建及调用标量值函数、内联表值函数和多语句表值函数。

# 拓 展 训 练

## 1. 知识训练

（1）填空题

① 在 T-SQL 中，使用_____来实现单行注释，使用_____来实现多行注释。

② 在 T-SQL 中，全局变量的前缀是_____，局部变量的前缀是_____。

③ 可以指定 T-SQL 语句在未来某个时间执行的语句是_____语句。

④ 能返回最后一个 T-SQL 错误号的全局变量是_____。

⑤ 创建函数的 T-SQL 语句是_____，修改函数的 T-SQL 语句是_____，删除函数的 T-SQL 语句是_____。

⑥ 能标识语句块的 T-SQL 语句是_____。

（2）选择题

① 在 T-SQL 中，表示批处理的关键字是（　　　）。

    A. WHILE    B. GO    C. GOTO    D. CASE

② 在 T-SQL 中，声明变量的关键字是（　　　）。

    A. SELECT    B. GO    C. SET    D. DECLARE

③ 下列语句中，能实现从 WHILE 循环语句中退出的是（　　　）。

    A. BREAK               B. CONTINUE

    C. CLOSE            D. EXEC

④ 如果需要将日期型的数据转换成字符串型的数据，可以使用（　　　）函数。

    A. GETDATE()           B. CHAR()

  C. UPPER()        D. CONVERT()

⑤ 既可以调用标量值函数，也可以调用表值函数的是（  ）语句。

  A. EXEC         B. INSERT

  C. SELECT        D. RETURN

## 2. 技能训练

  在"教学管理系统"中，其数据库为 schoolDB，学生表 student 结构参见表 4-8，班级表 class 结构参见表 5-1，成绩表 score 结构参见表 6-1。

  使用 T-SQL 语句完成如下任务：

  ① 创建局部变量 @Stuname、@Address 并分别以 SET 语句、SELECT 语句进行赋值，然后以 SELECT 语句输出变量的值。

  ② 创建一个保存学号的局部变量 @StuID，然后在 student 表中查询学号为局部变量值的姓名（StuName）、地址（Address）与专业（Major）。

  ③ 使用 IF...ELSE 语句，完成如下任务：查询学生表 student，如果存在学号 19001 的记录，则显示"学号为 19001 的供应商记录已经存在"消息，并输出此学生的所有信息，否则插入学生记录（190108,' 赵云 ',' 男 ','1999-08-22',' 广州市黄埔区 ',' 软件工程 ',1901）。

  ④ 使用 T-SQL 完成如下任务：输出 1~100 之间的偶数之和小于 50 的偶数。

  ⑤ 在 SchoolDB 数据库中，创建一个标量值函数，统计各班学生的平均成绩，并通过此函数查看班号为 1901 的学生平均成绩。

  ⑥ 在 SchoolDB 数据库中，创建一个多语句表值函数，输入班号，显示该班各学生姓名、专业、课程和成绩等相关信息，并通过此函数查看班号为 1901 的各学生的相关信息。

# 创建与管理存储过程

存储过程（Stored Procedure）是一个重要的数据库对象，由一条或多条预先编译好的 SQL 语句构成，是为了完成某项特定功能的 SQL 语句集。可以独立执行，也可以在应用程序中调用。通常可以将经常使用的、完成某个特定功能的 SQL 语句封装起来定义成一个存储过程，这不但避免重复编写相同的 SQL 语句，同时也提高了执行效率。使用存储过程的好处较多，主要有如下几点：

（1）实现代码复用

当需重复数据库相同的操作时，可以把这些操作代码封装起来，形成存储过程，当需要使用时，就可以访问并执行存储过程，这就避免了重复编写相同的代码，同时也降低了代码的不一致性。任何重复的数据库的操作代码都非常适合于在存储过程中进行封装。

（2）提高处理性能

存储过程实现"一次编译，多次执行"，即在默认情况下，在第一次执行存储过程时将编译存储过程，并且创建一个执行计划，供以后重复使用。这样，不需要多次编译，查询处理器也不必多次创建新计划，所以，处理存储过程将花更少的时间，提高了处理性能。

（3）减少网络流量

存储过程中的命令代码作为一个整体单元，实现的是单个批处理执行。这可以显著减少服务器和客户端之间的网络流量，因为只有对执行存储过程的调用时才会通过网络发送。如果没有存储过程提供的代码封装，每个单独的代码行都不得不通过网络发送。

（4）提高安全性

当用户或应用程序需要对数据库对象（如表）进行操作，而没有相应的权限时，不需要单独在数据库对象上授予相应的权限，而可以通过存储过程控制执行相应的进程和活动等操作，简化了安全层。

可以隐藏数据库对象的关键信息和关键数据。在通过网络调用过程时，只有对执行存储过程的调用是可见的。这样，恶意用户无法看到数据库对象（如表）的名称、存储过程中的 SQL 语句或检索的关键数据，增强了安全性。

使用过程参数有助于避免 SQL 注入攻击。因为参数输入被视作文字值而非可执行代码，所以，攻击者将命令插入过程内的 T-SQL 语句以图损害安全性将更加困难。同时，可以对存储过程进行加密，这有助于对源代码进行模糊处理，从而提高了数据操作的安全性。

（5）维护更容易

应用程序通过存储过程访问数据库时，当数据及数据对象发生变化时，只要对存储过程进行修改更新即可，不需要修改应用程序，这样，就保持了应用程序的独立性，有利于应用系统及数据库系统的维护。

**教学指导**

| 项目分解 | 任务 11-1 创建与执行存储过程 |
| --- | --- |
| | 任务 11-2 修改存储过程 |
| | 任务 11-3 查看与删除存储过程 |
| 知识目标 | ① 掌握存储过程的概念、好处和分类 |
| | ② 理解系统存储过程、用户存储过程、临时存储过程的概念 |
| | ③ 掌握创建无参数存储过程、带输入参数存储过程、带输出参数的存储过程的 SQL 语法格式 |
| | ④ 掌握执行存储过程的方法及 SQL 语法格式 |
| | ⑤ 掌握修改存储过程的 SQL 语法格式 |
| | ⑥ 掌握查看与删除存储过程的 SQL 语句 |
| 技能目标 | ① 能够创建无参数存储过程、带输入参数存储过程、带输出参数的存储过程 |
| | ② 能够执行存储过程 |
| | ③ 能够修改存储过程 |
| | ④ 能够查看与删除存储过程 |
| 素养目标 | ① 培养严谨规范意识 |
| | ② 培养敢于创新意识 |
| | ③ 具有高度社会责任感 |

**项目提要**

在 MS SQL Server 中，常见的存储过程可分为三类：系统存储过程、用户存储过程、临时存储过程。

① 系统存储过程：是 SQL Server 内置的，物理上存储在系统数据库 Resource 中，但逻辑上出现在每个系统定义数据库和用户定义数据库的 sys 架构中。系统存储过程的名称通常是以 "sp_" 开头。另外，SQL Server 支持在 SQL Server 和外部程序之间提供一个接口以实现各种维护活动的系统过程，这些扩展的存储过程的名称是以 "xp_" 开头。

② 用户存储过程：由用户根据其实际需求而创建的，用户存储过程可在用户数据库中创建，或者在除 Resource 系统数据库之外的所有系统数据库中创建。

③ 临时存储过程：是用户存储过程的一种形式。临时存储过程与永久存储过程相似，只是临时存储过程存储在临时数据库 tempdb 中。临时存储过程有两种类型：局部存储过程和全局存储过程。局部临时存储过程的名称以 "#" 开头，创建后仅对当前的用户连接是可见的，当用户关闭连接时被删除。全局临时存储过程的名称以 "##" 开头，创建后对任何用户都是可见的，并且在使用该过程的最后一个会话结束时被删除。

本项目内容是完成对用户存储过程的创建与管理，将分别使用 SSMS 工具和 T-SQL 语句两种方式在电子商务数据库 eshop 中创建、执行、修改、查看和删除存储过程。

 **任务 11-1  创建与执行存储过程**

创建存储过程可以通过 SSMS 工具来实现，也可以通过 T-SQL 语句来实现。存储过程可以

带参数（输入参数或输出参数），在创建存储过程时应考虑是否带参数。本任务使用 T-SQL 语句创建和执行无参数的存储过程、带输入参数的存储过程、带输入参数和输出参数的存储过程。

### 1. 任务描述

使用 T-SQL 语句完成如下操作：

① 创建和执行一个无参数的存储过程 getProductInfo01，该存储过程用于查询供应商为"导向打印机有限公司"提供的商品信息，这些商品信息包括商品编号（ProID）、商品名称（ProName）、库存（Stock）、单价（UnitPrice）、供应商名称（SupName）。

② 创建和执行一个带输入参数的存储过程 getProductInfo02，该存储过程根据供应商名称和包含关键字的商品名称进行商品信息的查询（例如，查询供应商为"三国通讯有限公司"提供的有关"4G"的商品信息），这些商品信息包括商品编号（ProID）、商品名称（ProName）、库存（Stock）、单价（UnitPrice）、供应商名称（SupName）。

③ 创建和执行一个带输入参数和输出参数的存储过程 getProductInfo03，该存储过程根据输入的供应商名称，查询出此供应商的商品库存数量。

### 2. 任务实现

（1）创建和执行无参数的存储过程

① 创建无参数的存储过程。创建一个无参数的存储过程 getProductInfo01，用于查询供应商为"导向打印机有限公司"提供的商品信息，包括商品编号（ProID）、商品名称（ProName）、库存（Stock）、单价（UnitPrice）和供应商名称（SupName）等。在查询编辑器中，编辑并执行下列 SQL 语句即可实现。

```
CREATE PROCEDURE getProductInfo01
AS
SELECT ProID,ProName,Stock,UnitPrice,SupName
FROM product AS p INNER JOIN supplier AS s
ON p.SupID=s.SupID
WHERE s.SupName='导向打印机有限公司'
```

② 执行无参数的存储过程。执行存储过程 getProductInfo01，在查询编辑器中，编辑并执行下列 SQL 语句即可实现。

```
EXEC getProductInfo01
```

（2）创建和执行带输入参数的存储过程

① 创建带输入参数的存储过程。创建一个带输入参数的存储过程 getProductInfo02，用于根据供应商名称和包含关键字的商品名称进行商品信息的查询，包括商品编号（ProID）、商品名称（ProName）、库存（Stock）、单价（UnitPrice）和供应商名称（SupName）等。在查询编辑器中，编辑并执行下列 SQL 语句即可实现。

```
CREATE PROCEDURE getProductInfo02
@SupName nvarchar(50),@ProName nvarchar(50)
AS
SELECT p.ProID,p.ProName,p.Stock,p.UnitPrice,s.SupName
FROM product AS p INNER JOIN supplier AS s
ON p.SupID=s.SupID
WHERE s.SupName=@SupName AND  p.ProName like '%'+@ProName+'%'
```

② 执行带输入参数的存储过程。执行带输入参数的存储过程 getProductInfo02，查询供应商为"三国通讯有限公司"提供的有关"4G"的商品信息。在查询编辑器中，编辑并执行下列 SQL 语句即可实现。

```
EXEC getProductInfo02 @SupName='三国通讯有限公司',@ProName ='4G'
```

（3）创建和执行带输出参数的存储过程

① 创建带输出参数的存储过程。一个带输入参数和输出参数的存储过程 getProductInfo03，该存储过程根据输入的供应商名称，查询出此供应商的商品库存数量。在查询编辑器中，编辑并执行下列 SQL 语句即可实现。

```
CREATE PROCEDURE getProductInfo03
@SupName nvarchar(50),@ProNum int OUTPUT
AS
SELECT @ProNum=sum(Stock)
FROM product AS p INNER JOIN supplier AS s
ON p.SupID=s.SupID
WHERE s.SupName=@SupName
```

② 执行带输出参数的存储过程。带输入参数和输出参数的存储过程 getProductInfo03。在查询编辑器中，编辑并执行下列 SQL 语句即可实现。

```
DECLARE @ProNum int
 EXEC getProductInfo03 '三国通讯有限公司',@ProNum OUTPUT
 SELECT '三国通讯有限公司' AS 供应商名称,@ProNum AS 数量
```

## 任务 11-2  修改存储过程

修改存储过程可以通过 SSMS 工具来实现，也可以通过 T-SQL 语句中的 ALTER PROCEDURE 语句来实现。

### 1. 任务描述

分别使用 SSMS 工具和 T-SQL 语句，修改任务 11-1 创建的 getProductInfo02，修改后，该存储过程根据商品类别名称进行商品信息的查询（例如，查询商品类别名称为"手机"的各商品信息），这些商品信息包括商品编号（ProID）、商品名称（ProName）、库存（Stock）、单价（UnitPrice）、商品类别名称（CatName）。

### 2. 任务实现

（1）使用 SSMS 工具修改存储过程

● Step1：打开 SSMS 窗口，在"对象资源管理器"中，连接到 SQL Server 数据库引擎实例，然后展开该实例。

● Step2：依次展开"数据库"→"eshop"→"可编程性"→"存储过程"，右击 dbo. getProductInfo02，如图 11-1 所示。

● Step3：选择"修改"命令，进入"查询编辑器"，并自动显示存储过程修改的 SQL 语句，如图 11-2 所示。

● Step4：在"查询编辑器"中，按图 11-3 所示，进行存储过程的语句修改。

● Step5：单击工具栏中的"执行"按钮，完成存储过程的修改。

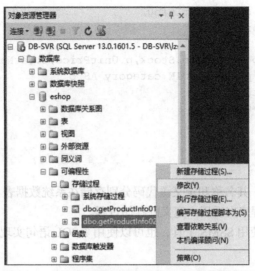

图 11-1　在"对象资源管理器"中修改存储过程

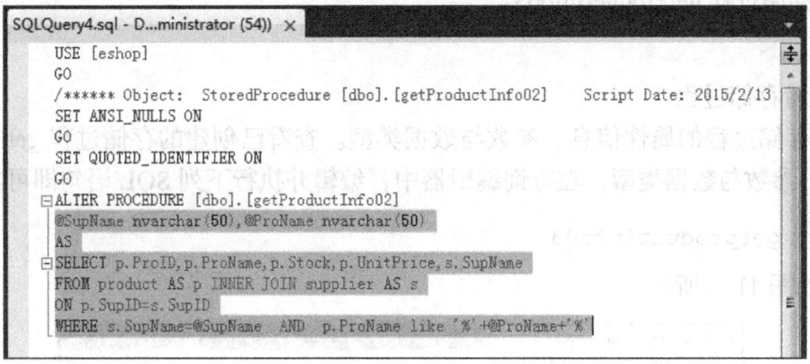

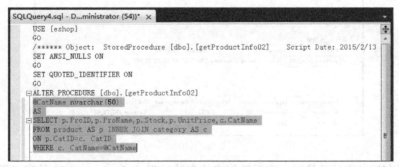

图 11-2　在"查询编辑器"中显示存储过程修改语句

图 11-3　在"查询编辑器"中修改后的存储过程语句

● Step6：在"查询编辑器"中输入并执行下列 SQL 语句，检测修改后的存储过程的执行效果。

```
EXEC getProductInfo02 @CatName=' 手机 '
```

（2）使用 T-SQL 语句修改存储过程

使用 T-SQL 语句根据任务描述，修改存储过程 getProductInfo02，在查询编辑器中，编辑并执行下列 SQL 语句即可完成。

```
ALTER PROCEDURE getProductInfo02
@CatName nvarchar(50)
AS
SELECT p.ProID,p.ProName,p.Stock,p.UnitPrice,c.CatName
FROM product AS p INNER JOIN category AS c
ON p.CatID=c.CatID
WHERE c.CatName=@CatName
```

## 任务 11-3　查看与删除存储过程

存储过程创建之后，其名称和定义源代码分别存储在系统数据表 sysobjects 和 syscomments 中。可使用系统存储过程来查看用户定义的存储过程。

删除存储过程可以使用 SSMS 工具，也可以使用 T-SQL 语句实现。

1. 任务描述

① 分别使用系统存储过程 sp_help 和 sp_helptext 查看任务 11-1 创建的存储过程 getProductInfo03。

② 删除存储过程 getProductInfo03。

2. 任务实现

（1）查看存储过程

① 查看存储过程的属性信息、参数与数据类型。查看已创建的存储过程 getProductInfo 03 的属性信息、参数与数据类型，在查询编辑器中，编辑并执行下列 SQL 语句即可实现。

```
sp_help getproductinfo03
```

其结果如图 11-4 所示。

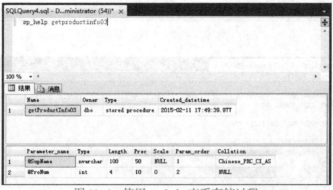

图 11-4　使用 sp_help 查看存储过程

② 查看存储过程的源代码。查看已创建的存储过程 getProductInfo03 的定义源代码，在查询编辑器中，编辑并执行下列 SQL 语句即可实现。

```
sp_helptext getproductinfo03
```

其结果如图 11-5 所示。

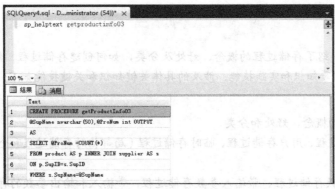

图 11-5　使用 sp_helptext 查看存储过程

（2）删除存储过程

① 使用 SSMS 工具删除存储过程。根据任务描述使用 SSMS 工具删除存储过程 getProductInfo03，具体操作步骤如下：

● Step1：打开 SSMS 窗口，在"对象资源管理器"中，连接到 SQL Server 数据库引擎实例，然后展开该实例。

● Step2：依次展开"数据库"→"eshop"→"可编程性"→"存储过程"，右击 dbo.getProductInfo03，如图 11-6 所示。

● Step3：选择"删除"命令，打开"删除对象"窗口，如图 11-7 所示。

图 11-6　在"对象资源管理器"中删除存储过程

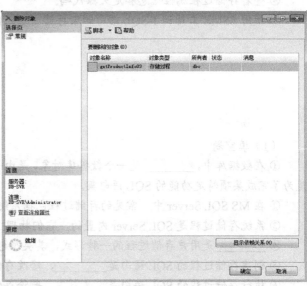

图 11-7　"删除对象"窗口

● Step4：单击"确定"按钮，完成存储过程 getProductInfo03 的删除。

② 使用 T-SQL 语句删除存储过程。根据任务描述使用 T-SQL 语句删除存储过程 getProductInfo03，在"查询编辑器"中编辑并执行下列 SQL 语句即可实现。

```
DROP PROCEDURE getProductInfo03
```

# 项目总结

本项目详细介绍了存储过程的概念、好处及分类，如何创建存储过程、修改存储过程、查看与删除存储过程等知识和实践技能。涉及的具体关键知识和关键技能如下：

## 1. 关键知识

① 存储过程的概念、好处和分类。

② 系统存储过程、用户存储过程、临时存储过程（局部临时存储过程和全局临时存储过程）的概念。

③ 创建无参数存储过程、带输入参数存储过程、带输入和输出参数的存储过程的 SQL 语法格式。

④ 执行存储过程的方法及 SQL 语法格式。

⑤ 修改存储过程的 SQL 语法格式。

⑥ 查看与删除存储过程的 SQL 语句。

## 2. 关键技能

① 创建无参数存储过程、带输入参数存储过程、带输入和输出参数的存储过程。

② 执行各种不带参数、带参数的存储过程。

③ 修改存储过程。

④ 查看存储过程属性信息和定义源代码。

⑤ 使用 SSMS 工具和 T-SQL 语句删除存储过程的操作。

# 拓展训练

## 1. 知识训练

（1）填空题

① 在数据库中，_____是一个数据库对象，是由一条或多条预先编译好的 SQL 语句构成，是为了完成某项特定功能的 SQL 语句集。

② 在 MS SQL Server 中，常见的存储过程包括系统存储过程、_____和临时存储过程。

③ 系统存储过程是 SQL Server 内置的，它们物理上存储在_____数据库中。

④ _____是用户存储过程的一种形式，其类型包括_____和全局临时存储过程。

⑤ 创建存储过程的 SQL 语句是_____，修改存储过程的 SQL 语句是_____。

⑥ 执行存储过程的 SQL 语句是_____，删除存储过程的 SQL 语句是_____。

（2）选择题

① 下列关于存储过程好处的描述，错误的是（　　　）。

　　A. 使用存储过程可以实现代码复用

　　B. 执行存储过程时，每次都需要编译

　　C. 使用存储过程可以减少网络流量

　　D. 使用存储过程可以提高数据处理的安全性

② 下列关于存储过程的描述，正确的是（　　　）。

　A. 存储过程的名称以"sp_"开头的，通常是系统存储过程

　B. 用户存储过程物理上存储在系统数据库 Resource 中

　C. 局部临时存储过程的名称以"##"开头

　D. 局部临时存储过程对任何用户都是可见的

③ 在 T-SQL 语言中，CREATE PROCEDURE 语句是用来（　　　）的。

　A. 创建视图　　　　　　　　　　B. 创建索引

　C. 修改存储过程　　　　　　　　D. 创建存储过程

④ 下列关于存储过程参数的描述，正确的是（　　　）。

　A. 创建存储过程一定要带参数

　B. 创建存储过程一定要带输入参数

　C. 创建存储过程可以带参数，也可以不带参数

　D. 创建存储过程一定要带输出参数

## 2. 技能训练

在"教学管理系统"中，其数据库为 schoolDB，学生表 student 结构参见表 4–8，成绩表 score 结构参见表 6–1。

使用 T–SQL 语句完成如下任务：

① 根据表 4–8 和表 6–1 分别创建学生表 student 和成绩表 score，如果数据库中已经存在这两个表，就不需要再创建，并添加一部分记录。

② 创建和执行一个无参数的存储过程 stuProcedure1，该存储过程用于查询学生的学号、姓名、地址、专业、课程和成绩。

③ 创建和执行一个带输入参数的存储过程 stuProcedure2，该存储过程用于根据学号查询学生的班号、姓名、地址、专业、课程和成绩。

④ 创建和执行一个带输入和输出参数的存储过程 stuProcedure3，该存储过程根据输入的班级编号，查询出该班的总成绩。

⑤ 查看存储过程的 stuProcedure2 的源代码。

⑥ 删除存储过程的 stuProcedure3。

# 创建与管理触发器

触发器是数据库中的一种特殊的存储过程，也是由一组 T-SQL 语句组成，实现一定的功能。但与普通的存储过程又有不同，触发器不能像普通的存储过程一样通过命令调用来显式地执行，而是当某个事件（如添加数据、删除数据、修改数据等）发生时，将会自动触发与该事件相关的触发器执行。此外，和约束一样，可以用来实现业务规则和数据完整性。在实现数据完整性方面，当约束支持的功能无法满足应用程序的功能要求时，触发器就非常有用。与其他约束相比，触发器有如下几个优点：

① 触发器是自动执行的。当与触发器相关的事件发生时，触发器自动执行而实现相应的功能，不需要手动维护数据库的数据完整性。

② 触发器可以实现对数据库中的相关表的级联更改。触发器是基于一个表创建的，但可以针对多个表进行操作，实现数据库中相关表的级联更改。例如，可以在表"院系"中定义触发器，当删除表"院系"中的某条记录时，触发器将删除表"学生"中对应的院系记录。

③ 强化完整性约束。触发器可以实现比 CHECK 约束定义更为复杂的完整性约束。与 CHECK 约束不同，触发器可以引用其他表中的列，而 CHECK 约束则不能引用其他表中的列。

④ 跟踪变化。对于一些敏感数据的更改，可使用触发器记录详细的日志，以便事后审计。

📖 教学指导

| | |
|---|---|
| 项目分解 | 任务 12-1　创建触发器 |
| | 任务 12-2　修改触发器 |
| | 任务 12-3　禁用、启用与删除触发器 |
| 知识目标 | ① 理解触发器的概念、作用与优点 |
| | ② 掌握触发器的分类，理解各种 DML 触发器、DDL 触发器的含义与作用 |
| | ③ 掌握创建各种 DML 触发器、DDL 触发器的 SQL 语法 |
| | ④ 掌握测试各种触发器的方法 |
| | ⑤ 掌握修改触发器的 SQL 语法 |
| | ⑥ 掌握禁用、启用与删除触发器的 SQL 语法 |
| 技能目标 | ① 能够创建各种 DML 触发器、DDL 触发器 |
| | ② 能够测试触发器 |
| | ③ 能够修改触发器 |
| | ④ 能够禁用、启用与删除触发器 |
| 素养目标 | ① 培养爱岗敬业、甘于奉献职业品格 |
| | ② 培养积极探索、勇于创新科学精神 |
| | ③ 培养追求进步、自强不息精神 |

最常用的触发器类型有 DML 触发器和 DDL 触发器。DML 触发器在发生数据操纵语言（DML）事件时触发执行。DML 事件包括 INSERT、UPDATE 或 DELETE 语句。DDL 触发器在响应各种数据定义语言（DDL）事件时触发执行，这些事件主要与涉及关键字 CREATE、ALTER、DROP 等的语句相对应。而 DML 触发器又可分 AFTER 触发器和 INSTEAD OF 触发器。

AFTER 触发器是在表中记录已经改变之后（如执行了 INSERT、UPDATE 或 DELETE 语句操作之后），才会被激活执行的。AFTER 触发器只适用于表，一个触发操作可以定义多个 AFTER 触发器。

INSTEAD OF 触发器是在数据发生变化之前被触发，取代变化数据的操作（如 INSERT、UPDATE 或 DELETE 语句操作），执行触发器定义的操作。INSTEAD OF 触发器既适合于表，也适合于视图。一个触发操作只能定义一个 INSTEAD OF 触发器。

本项目的主要任务是创建与管理触发器，将分别使用 SSMS 工具和 T-SQL 语句两种方式在电子商务数据库 eshop 中创建、修改、禁用、启用和删除触发器。

## 任务 12-1 创建触发器

在创建触发器前，需要了解两个特殊的表：插入表（inserted）和删除表（deleted）。这两个表是与 DML 触发器密切相关的临时表，由 SQL Server 自动创建和管理这两个表。它们保存在内存中，但不能直接修改表中的数据或对表执行数据定义语言操作，如执行 CREATE INDEX 语句。

inserted 表用于存储 INSERT 和 UPDATE 语句所影响的行的副本。在执行插入或更新事务的过程中，新行会同时添加到 inserted 表和触发器表中。inserted 表中的行是触发器表中新行的副本。

deleted 表用于存储 DELETE 和 UPDATE 语句所影响的行的副本。在执行 DELETE 或 UPDATE 语句过程中，行从触发器表中删除，并传输到 deleted 表中保存下来。

更新事务（UPDATE）相当于在删除操作之后执行插入操作。首先，旧行被复制到 deleted 表中，然后，新行被复制到触发器表和 inserted 表中。

创建触发器可以通过 SSMS 工具来实现，也可以通过 T-SQL 语句来实现。本任务使用 T-SQL 语句创建各种 DML 触发器和 DDL 触发器。

### 1. 任务描述

使用 T-SQL 语句完成如下操作：

① 创建一个名为 tri1_member_insert 的 DML 触发器。该触发器的作用：当向 member 表中添加一条记录时，返回一条"已成功向 member 表中添加一条记录"的提示信息。

② 创建一个名为 tri2_member_insert 的 DML 触发器，该触发器的作用：当向 member 表中添加一条记录时，提示"您未被授权对 member 表执行添加操作！"同时阻止向 member 表中添加记录。

③ 创建一个名为 tri3_member_update 的 DML 触发器，该触发器的作用：不允许修改

member 表的 MemName 列，并返回一条"禁止修改 member 表的 MemName 列的数据！"。

④ 创建一个名为 tri4_member_delete 的 DML 触发器，该触发器的作用：当对 member 表中记录进行删除操作时，返回一条"对不起，不允许对 member 表执行删除操作"的提示信息，并取消当前的删除操作。

⑤ 创建一个名为 tri5_member_insert 的 DML 触发器，该触发器的作用：将被新添加到 member 表中会员记录的 MemName 和 Address 两列自动添加到 member_new 表中，并返回一条"新增会员信息已相应添加到 member_new 表中"的提示信息。

提醒：在创建此触发器前，先创建一个只包含 MemName 和 Address 两列的 member_new 表。

⑥ 创建一个名为 tri6_member_delete 的 DML 触发器，该触发器的作用：当用户删除 member 表中某一条会员记录的同时，系统自动在 member_new 表中找到相应会员记录，将其删除，并返回一条"已删除 member_new 表中相应的记录！"的提示信息。

⑦ 创建一个名为 tri7_eshop_notdeltbl 的 DDL 触发器，该触发器的作用：禁止修改、删除 eshop 数据库中的表，并返回一条"禁止删除、修改 eshop 中的数据表，除非先删除 tri7_eshop_notdeltbl 触发器"的提示信息。

2. 任务实现

（1）创建 tri1_member_insertDML 触发器

创建并测试 DML 触发器 tri1_member_insert，当向 member 表中添加一条记录时，返回一条"已成功向 member 表中添加一条记录"的提示信息。

① 创建触发器。在"查询编辑器"中编辑并执行下列 SQL 语句：

```
USE eshop
GO
CREATE TRIGGER tri1_member_insert
ON member
AFTER INSERT
AS
PRINT '已成功向 member 表中添加一条记录'
```

执行成功后，可以在"对象资源管理器"中看到此触发器，如图 12-1 所示。

图 12-1　创建触发器 tri1_member_insert

② 测试触发器。在"查询编辑器"中编辑并执行下列 SQL 语句：

```
USE eshop
GO
INSERT INTO member(MemID,MemName,Address,Telephone,UserName,UserPwd)
VALUES(8011,'黄忠','北京市朝阳区','88556677','huangz','123456')
```

执行结果如图 12-2 所示。

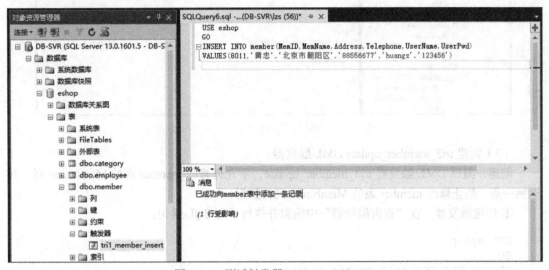

图 12-2　测试触发器 tri1_member_insert

（2）创建 tri2_member_insertDML 触发器

创建并测试 DML 触发器 tri2_member_insert，当向 member 表中添加一条记录时，提示"您未被授权对 member 表执行添加操作！"同时阻止向 member 表中添加记录。

① 创建触发器。在"查询编辑器"中编辑并执行下列 SQL 语句：

```
USE eshop
GO
CREATE TRIGGER tri2_member_insert
ON member
INSTEAD OF INSERT
AS
PRINT '您未被授权对 member 表执行添加操作！'
```

② 测试触发器。在"查询编辑器"中编辑并执行下列 SQL 语句：

```
USE eshop
GO
INSERT INTO member(MemID,MemName,Address,Telephone,UserName,UserPwd)
VALUES(8012,'鲁肃','上海市徐汇区','88552233','lus','123456')
```

执行结果如图 12-3 所示。

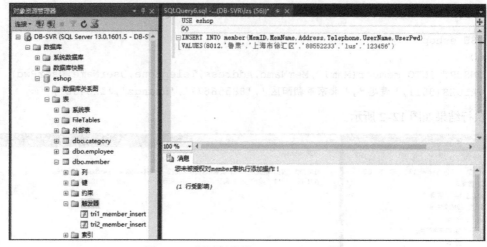

图 12-3  测试触发器 tri2_member_insert

（3）创建 tri3_member_update DML 触发器

创建并测试 DML 触发器 tri3_member_update，不允许修改 member 表的 MemName 列，并返回一条"禁止修改 member 表的 MemName 列的数据！"。

①创建触发器。在"查询编辑器"中编辑并执行下列 SQL 语句：

```
USE eshop
GO
CREATE TRIGGER tri3_member_update
ON member
AFTER UPDATE
AS
IF UPDATE(MemName)
    BEGIN
    PRINT '禁止修改 member 表的 MemName 列的数据！'
    ROLLBACK
    END
```

②测试触发器。在"查询编辑器"中编辑并执行下列 SQL 语句：

```
USE eshop
GO
UPDATE member
SET MemName=' 黄一忠 '
WHERE MemID=8011
```

执行结果如图 12-4 所示。

（4）创建 tri4_member_delete DML 触发器

创建并测试 DML 触发器 tri4_member_delete，当对 member 表中记录进行删除操作时，返回一条"对不起，不允许对 member 表执行删除操作"的提示信息，并取消当前的删除操作。

①创建触发器。在"查询编辑器"中编辑并执行下列 SQL 语句：

```
USE eshop
GO
CREATE TRIGGER tri4_member_delete
```

```
ON member
AFTER DELETE
AS
    BEGIN
    PRINT '对不起，不允许对 member 表执行删除操作'
    ROLLBACK
    END
```

图 12-4 测试触发器 tri3_member_update

② 测试触发器。在"查询编辑器"中编辑并执行下列 SQL 语句：

```
USE eshop
GO
DELETE FROM member
WHERE MemID=8011
```

执行结果如图 12-5 所示。

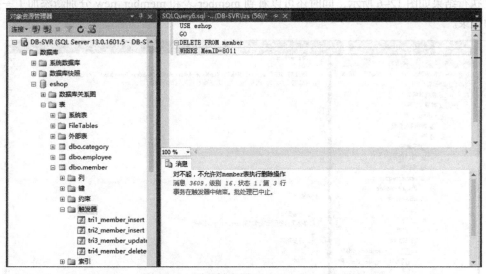

图 12-5 测试触发器 tri4_member_delete

（5）创建 tri5_member_insert DML 触发器

创建并测试 DML 触发器 tri5_member_insert，将被新添加到 member 表中会员记录的 MemName 和 Address 两列自动添加到 member_new 表中，并返回一条"新增会员信息已相应添加到 member_new 表中"的提示信息。在创建此触发器前，先创建一个只包含 MemName 和 Address 两列的 member_new 表，创建数据表前面相关单元已经详细介绍，此处不再重复。

① 创建触发器。在"查询编辑器"中编辑并执行下列 SQL 语句：

```
USE eshop
GO
CREATE TRIGGER tri5_member_insert
ON member
FOR INSERT
AS
    BEGIN
    DECLARE @n1 nvarchar(30),@n2 nvarchar(30)
    SELECT @n1=INSERTED.MemName,@n2=INSERTED.Address FROM INSERTED
    INSERT INTO member_new(MemName,Address)
    VALUES(@n1,@n2)
    PRINT '新增会员信息已相应添加到 member_new 表中'
    END
```

② 测试触发器。在测试触发器前，把禁止向 member 表中添加记录的触发器 tri2_member_insert 删除，并已创建一个只包含 MemName 和 Address 两列的 member_new 表。

在"查询编辑器"中编辑并执行下列 SQL 语句：

```
USE eshop
GO
INSERT INTO member(MemID,MemName,Address,Telephone,UserName,UserPwd)
VALUES(8013,'诸葛亮','上海市徐汇区','88552255','zhugl','123456')
```

执行结果如图 12-6 所示，同时还可以看到 member 表和 member_new 分别新添加了一条相应的记录。

图 12-6　测试触发器 tri5_member_insert

（6）创建 tri6_member_delete DML 触发器

创建并测试 DML 触发器 tri6_member_delete，当用户删除 member 表中某一条会员记录的同时，系统自动在 member_new 表中找到相应会员记录，将其删除，并返回一条"已删除 member_new 表中相应的记录！"的提示信息

① 创建触发器。在"查询编辑器"中编辑并执行下列 SQL 语句：

```
USE eshop
GO
CREATE TRIGGER tri6_member_delete
ON member
FOR DELETE
AS
BEGIN
DECLARE @n1 nvarchar(30)
SELECT @n1=DELETED.MemName FROM DELETED
DELETE FROM member_new
WHERE MemName=@n1
PRINT '已删除 member_new 表中相应的记录！'
END
```

② 测试触发器。在测试触发器之前，把禁止删除 member 表中记录的触发器 tri4_member_delete 删除。在"查询编辑器"中编辑并执行下列 SQL 语句：

```
USE eshop
GO
DELETE FROM member
WHERE MemName='诸葛亮'
```

执行结果如图 12-7 所示。同时，还可以看到 member 表和 member_new 分别删除了一条相应的记录。

图 12-7　测试触发器 tri6_member_delete

（7）创建 tri7_eshop_notdeltbl DDL 触发器

创建并测试 DDL 触发器 tri7_eshop_notdeltbl，禁止修改、删除 eshop 数据库中的表，并返

回一条"禁止删除、修改 eshop 中的数据表，除非先删除 tri7_eshop_notdeltbl 触发器"的提示信息。

① 创建触发器。在"查询编辑器"中编辑并执行下列 SQL 语句：

```
USE eshop
GO
CREATE TRIGGER tri7_eshop_notdeltbl
ON DATABASE
FOR DROP_TABLE,ALTER_TABLE
AS
  PRINT '禁止删除、修改 eshop 中的数据表，除非先删除 tri7_eshop_notdeltbl 触发器'
ROLLBACK
```

执行成功后，可以在"对象资源管理器"中看到此触发器，如图 12-8 所示。

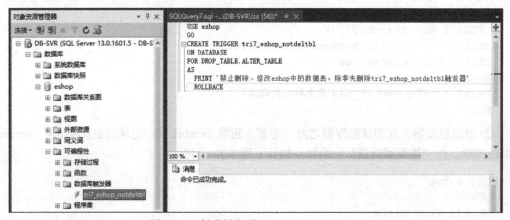

图 12-8  创建触发器 tri7_eshop_notdeltbl

② 测试触发器。在测试触发器之前，把禁止删除 member 表中记录的触发器 tri4_member_delete 删除。在"查询编辑器"中编辑并执行下列 SQL 语句：

```
USE eshop
GO
DROP TABLE member
```

执行结果如图 12-9 所示。

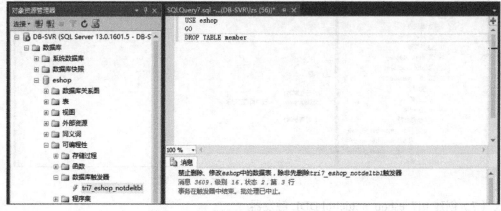

图 12-9  测试触发器 tri7_eshop_notdeltbl

# 任务 12-2　修改触发器

修改触发器可以通过 SSMS 工具来实现，也可以通过 T-SQL 语句来实现，本任务使用 T-SQL 语句修改触发器。

1. 任务描述

使用 T-SQL 语句完成如下操作：

① 重新命名触发器 tri6_member_delete 为 tri6_member_update。

② 修改 tri6_member_update 触发器的定义，修改后触发器的作用：更新 member 表中某一位会员的地址时，系统自动在 member_new 表中找到相应会员，并将其地址做对应的修改，并返回一条"已在 member_new 表中对其地址做相应的修改"。

2. 任务实现

（1）重新命名触发器

将上一个任务创建的触发器 tri6_member_delete 改名为 tri6_member_update，在"查询编辑器"中编辑并执行下列 SQL 语句即可。

```
USE eshop
GO
    EXEC sp_rename tri6_member_delete,tri6_member_update
```

（2）修改触发器的定义

修改触发器 tri6_member_update 的定义，修改后，当更新 member 表中某一位会员的地址时，系统自动在 member_new 表中找到相应会员，并将其地址做对应的修改，并返回一条"已在 member_new 表中对其地址做相应的修改"，并对修改后的触发器进行测试。

① 修改触发器。在"查询编辑器"中编辑并执行下列 SQL 语句：

```
USE eshop
GO
ALTER TRIGGER tri6_member_update
ON member
FOR UPDATE
AS
BEGIN
DECLARE @n1 nvarchar(30),@n2 nvarchar(30)
SELECT @n1=DELETED.MemName FROM DELETED
SELECT @n2=INSERTED.Address FROM INSERTED
   UPDATE member_new
SET Address =@n2
WHERE MemName =@n1
PRINT '已在 member_new 表中对其地址做相应的修改'
END
```

② 测试修改后的触发器。在"查询编辑器"中编辑并执行下列 SQL 语句：

```
USE eshop
GO
UPDATE member
```

```
SET Address=' 广州市越秀区 '
WHERE MemName=' 鲁肃 '
```

执行结果如图12-10所示。同时,可查看到member和member_new表中Address的值改为"广州市越秀区"。

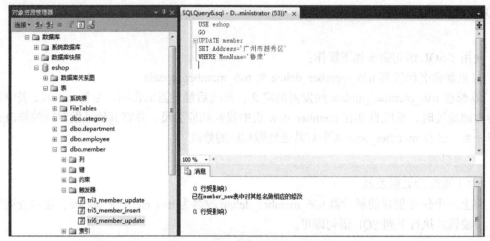

图 12-10　测试修改后的触发器 tri6_member_update

# 任务 12-3　禁用、启用与删除触发器

当某个触发器暂时不用时,不必将其删除,可将其禁用,触发器仍以数据库对象形式存储在当前数据库中。当执行相关操作时,触发器不会被触发激活。当再次需要用到触发器时,可再次启用触发器。而删除触发器,即触发器不再存在。禁用、启用和删除触发器等操作,可以通过 SSMS 工具来实现,也可以通过 T-SQL 语句来实现。使用 SSMS 工具实现比较简单,本任务不再详细介绍,重点介绍如何使用 T-SQL 语句禁用、启用和删除触发器。

1. 任务描述

使用 T-SQL 语句完成下列操作:

① 禁用表 member 上的触发器 tri5_member_insert 和数据库 esho 上的触发器 tri7_eshop_notdeltbl。

② 启用表 member 上的触发器 tri5_member_insert 和数据库 eshop 上的触发器 tri7_eshop_notdeltbl。

③ 删除表 member 上的触发器 tri5_member_insert 和数据库 eshop 上的触发器 tri7_eshop_notdeltbl。

2. 任务实现

(1) 禁用触发器

禁用表 member 上的触发器 tri5_member_insert 和数据库 eshop 上的触发器 tri7_eshop_notdeltbl。在"查询编辑器"中编辑并执行下列 SQL 语句即可实现:

```
USE eshop
```

```
GO
DISABLE TRIGGER tri5_member_insert ON member
GO
DISABLE TRIGGER tri7_eshop_notdeltbl ON DATABASE
```

（2）启用触发器

启用表 member 上的触发器 tri5_member_insert 和数据库 eshop 上的触发器 tri7_eshop_notdeltbl。在"查询编辑器"中编辑并执行下列 SQL 语句即可实现。

```
USE eshop
GO
ENABLE TRIGGER tri5_member_insert ON member
GO
ENABLE TRIGGER tri7_eshop_notdeltbl ON DATABASE
```

（3）删除触发器

删除表 member 上的触发器 tri5_member_insert 和数据库 eshop 上的触发器 tri7_eshop_notdeltbl。在"查询编辑器"中编辑并执行下列 SQL 语句即可实现。

```
USE eshop
GO
DROP TRIGGER tri5_member_insert
GO
DROP TRIGGER tri7_eshop_notdeltbl ON Database
```

项 目 总 结

本项目详细介绍了触发器的概念、优点及分类，如何创建各种触发器、测试触发器、修改触发器，以及禁用、启用与删除触发器等知识和实践技能。涉及的具体关键知识和关键技能如下：

1. 关键知识

① 触发器的概念、作用与优点。

② 触发器的分类，以及各种 DML 触发器、DDL 触发器的含义与作用。

③ 创建各种 DML 触发器、DDL 触发器的 SQL 语法。

④ 测试各种触发器的方法。

⑤ 修改触发器的 SQL 语法。

⑥ 禁用、启用与删除触发器的 SQL 语法。

2. 关键技能

① 创建各种 DML 触发器、DDL 触发器。

② 测试触发器。

③ 修改触发器。

④ 禁用、启用与删除触发器。

# 拓展训练

## 1. 知识训练

（1）填空题

① 在数据库中，_____是数据库中的一种特殊的存储过程，也是由一组 T-SQL 语句组成，实现一定的功能，它的执行是由某个特定事件发生而引起的。

② 在 MS SQL Server 中，常见的触发器包括 DML 触发器和_____触发器，而 DML 触发器又可分为 AFTER 触发器和_____触发器。

③ 触发器能够实现数据的业务规则和_____。

④ 当对表执行如_____、_____和_____操作时，将触发 DML 触发器，从而自动执行触发器所定义的 T-SQL 语句。

⑤ 创建触发器的 SQL 语句是_____，修改触发器的 SQL 语句是_____。

⑥ 禁用触发器的 SQL 语句是_____，启用触发器的 SQL 语句是_____。

（2）选择题

① 下列关于触发器优点的描述，错误的是（      ）。

    A. 触发器是自动执行的

    B. 触发器可以实现对数据库中的相关表的级联更改

    C. 强化完整性约束

    D. 提高数据的检索速度

② 下列 SQL 语句不能激发 DML 触发器执行的是（      ）。

    A. CREATE                 B. INSERT

    C. UPDATE               D. DELETE

③ 下列关于触发器的描述，正确的是（      ）。

    A. INSTEAD OF 触发器是在表中记录已经改变之后才会被触发

    B. AFTER 触发器是在数据发生变化之前被触发

    C. AFTER 触发器只适用于表

    D. 一个触发操作可以定义一个 AFTER 触发器

④ 下列关于 inserted 表和 deleted 表的描述，错误的是（      ）。

    A. inserted 表和 deleted 表都是临时表

    B. 用户可以直接对 inserted 表和 deleted 表中的数据进行添加、删除和修改的操作

    C. inserted 表用于存储 INSERT 和 UPDATE 语句所影响的行的副本

    D. deleted 表用于存储 DELETE 和 UPDATE 语句所影响的行的副本

⑤ 下列描述，错误的是（      ）。

    A. 触发器是一种特殊的存储过程

    B. 触发器可以跟踪数据的变化

    C. 触发器可以直接通过命令调用

    D. INSTEAD OF 触发器既适用于表，也适用于视图

## 2. 技能训练

在"教学管理系统"中，其数据库为 schoolDB，学生表 student 结构参见表 4-8。

使用 T-SQL 语句完成如下任务:

① 根据表 4-8 创建学生表 student（如果数据库中已经存在这个表，就不需要再创建），并添加一部分记录。

② 创建一个名为 tri1_student_insert 的 DML 触发器，该触发器的作用: 当向 student 表中添加一条记录时，返回一条"已成功向 student 表中添加一条记录"的提示信息。

③ 创建一个名为 tri2_student_insert 的 DML 触发器，该触发器的作用: 当向 student 表中添加一条记录时，提示"您未被授权对 student 表执行添加操作！"同时阻止向 student 表中添加记录。

④ 创建一个名为 tri3_student_update 的 DML 触发器，该触发器的作用: 不允许修改 student 表的 StuName 列，并返回一条"禁止修改 student 表的 StuName 列的数据！"。

⑤ 创建一个名为 tri4_student_delete 的 DML 触发器，该触发器的作用: 当对 student 表中记录进行删除操作时，返回一条"对不起，不允许对 student 表执行删除操作"的提示信息，并取消当前的删除操作。

⑥ 创建一个名为 tri5_student_insert 的 DML 触发器，该触发器的作用: 将被新添加到 student 表中会员的 StuName 和 Address 自动添加到 student_new 表中，并返回一条"新增会员信息已相应添加到 student_new 表中"的提示信息。

提醒: 在创建此触发器前，先创建一个只包含 StuName 和 Address 两列的"student_new"表。

⑦ 创建一个名为 tri6_student_delete 的 DML 触发器，该触发器的作用: 当用户删除 student 表中某一条会员记录的同时，系统自动在 student_new 表中找到相应会员记录，并将其删除，并返回一条"已删除 student_new 表中相应的记录！"的提示信息。

⑧ 创建一个名为 tri7_schoolDB_notdeltbl 的 DDL 触发器，该触发器的作用: 禁止修改、删除 schoolDB 数据库中的表，并返回一条"禁止删除、修改 schoolDB 中的数据表，除非先删除 tri7_schoolDB_ notdeltbl 触发器"的提示信息。

⑨ 依次禁用、启用和删除触发器 tri7_schoolDB_notdeltbl。

# 数据库安全管理

随着信息技术的不断发展，包括电子商务在内的各种信息系统越来越普及，作为信息系统的重要组成部分——数据库系统也就成为重中之重。数据库系统在运行过程中，可能会受到未经授权的非法入侵，或者合法用户超越自己的访问权限对数据进行越权访问，等等，这些行为不但会破坏数据的机密性、完整性，导致数据丢失，而且会影响数据库系统的正常运行，甚至导致数据库系统的崩溃。因此，数据库系统的安全性问题变得尤为突出，数据库的安全性管理也就成为数据库系统管理的重要内容。

SQL Server 提供了强大的数据库安全管理机制。其安全管理机制可分 3 个级别：服务器级别安全、数据库级别安全、数据库对象级别安全。

**教学指导**

| | |
|---|---|
| 项目分解 | 任务 13-1　服务器级别的安全管理 |
| | 任务 13-2　数据库级别的安全管理 |
| | 任务 13-3　对象级别的安全管理 |
| 知识目标 | ① 理解 SQL Server 安全机制 |
| | ② 理解服务器级别安全机制及安全主体 |
| | ③ 理解数据库级别安全机制及安全主体 |
| | ④ 理解对象级别安全机制及安全主体 |
| | ⑤ 掌握 Windows 身份验证与 SQL Server 身份验证的区别 |
| | ⑥ 掌握登录账户与数据库用户的区别 |
| | ⑦ 掌握服务器角色与数据库角色的区别 |
| | ⑧ 掌握 GRANT、DENY、REVOKE 等 DCL 语言的语法格式 |
| 技能目标 | ① 能够修改 SQL Server 服务器的身份验证模式 |
| | ② 能够创建并管理 Windows 登录账户和 SQL Server 登录账户，并进行登录 |
| | ③ 能够添加登录账户到服务器角色，并验证服务器角色的权限 |
| | ④ 能够创建数据库用户和数据库角色，并验证数据库角色的权限 |
| | ⑤ 能够对数据库对象的权限进行授予（GRANT）、拒绝（DENY）和回收（REVOKE） |
| 素养目标 | ① 树立安全意识 |
| | ② 做好安全教育 |
| | ③ 培养奉献精神 |

**项目提要**

服务器级别安全主体和机制涉及身份验证模式、登录账户和服务器角色。数据库级别安全主体和机制涉及数据库用户和数据库角色。数据库对象级别安全主体和机制主要涉及数据库对象（如表、视图）的权限管理。分别使用 SSMS 工具和 T-SQL 语句两种方式对数据库系统的各个安全级别进行管理。

## 任务 13-1  服务器级别的安全管理

当用户访问 SQL Server 服务器（实例）时，需提供登录账户和密码进行登录，数据库服务器对登录账户和密码进行身份验证。如果身份验证通过，用户则成功登录 SQL Server 服务器（实例）。登录服务器成功后，具有什么权限？能做什么操作？则可以通过权限和服务器角色来管理。

在安装 SQL Server 过程中，必须为数据库引擎选择身份验证模式。可供选择的模式有两种：一种是"Windows 身份验证模式"；另一种是"SQL Server 和 Windows 身份验证模式"（也称混合身份验证模式）。Windows 身份验证模式会启用 Windows 身份验证并禁用 SQL Server 身份验证。混合模式会同时启用 Windows 身份验证和 SQL Server 身份验证。Windows 身份验证始终可用，并且无法禁用。安装完成后，可以随时更改身份验证模式。根据身份验证模式的不同，登录账户也分为两种类型：Windows 登录账户和 SQL Server 登录账户。

当用户通过 Windows 用户账户连接时，SQL Server 使用操作系统中的 Windows 主体标记验证账户名和密码。也就是说，用户身份由 Windows 进行确认。SQL Server 不要求提供密码，也不执行身份验证。Windows 身份验证是默认身份验证模式，并且比 SQL Server 身份验证更为安全，因此，建议尽可能使用 Windows 身份验证。

当使用 SQL Server 身份验证时，在 SQL Server 中创建的登录名并不基于 Windows 用户账户。用户名和密码均通过使用 SQL Server 创建并存储在 SQL Server 中。通过 SQL Server 身份验证进行连接的用户每次连接时必须提供其凭据（登录名和密码）。

在 SQL Server 安装结束后，可以改变 SQL Server 的身份验证模式。

为了更方便地管理服务器的权限，SQL Server 提供了 9 个固定服务器角色（"角色"类似于 Windows 操作系统中的"组"），无法更改授予固定服务器角色的权限。从 SQL Server 开始，可以创建用户定义的服务器角色，并将服务器级权限添加到用户定义的服务器角色。将登录账户添加到服务器角色中，成为服务器角色的成员后，拥有该服务器角色的权限。9 个固定服务器角色如表 13-1 所示。

表 13-1  固定服务器角色

| 固定服务器角色 | 描　　述 |
| --- | --- |
| sysadmin | sysadmin 固定服务器角色的成员可以在服务器中执行任何活动 |
| serveradmin | serveradmin 固定服务器角色的成员可以更改服务器范围内的配置选项并关闭服务器 |
| securityadmin | securityadmin 固定服务器角色的成员管理登录名及其属性。其成员可以使用 GRANT、DENY 和 REVOKE 等语句进行服务器级别的权限设置。当其成员具有数据库的访问权限时，还可以使用 GRANT、DENY 和 REVOKE 等语句进行数据库级别权限设置。另外，其成员还可以重置 SQL Server 登录名的密码 |
| processadmin | processadmin 固定服务器角色的成员可以终止在 SQL Server 实例中运行的进程 |
| setupadmin | setupadmin 固定服务器角色的成员可以通过使用 T-SQL 语句添加和删除链接服务器（在使用 Management Studio 时需要 sysadmin 成员身份） |
| bulkadmin | bulkadmin 固定服务器角色的成员可以运行 BULK INSERT 语句 |

续表

| 固定服务器角色 | 描　　述 |
|---|---|
| diskadmin | diskadmin 固定服务器角色用于管理磁盘文件 |
| dbcreator | dbcreator 固定服务器角色的成员可以创建、更改、删除和还原任何数据库 |
| public | 每个 SQL Server 登录名均属于 public 服务器角色。如果未向某个服务器主体授予或拒绝对某个安全对象的特定权限，该用户将继承授予该对象的 public 角色的权限。当用户希望该对象对所有用户可用时，只需要对任何对象分配 public 权限即可。用户无法更改 public 中的成员关系 |

1. 任务描述

① 查看数据库服务器的身份验证模式，并将"Windows 身份验证模式"改为"SQL Server 和 Windows 身份验证模式"。

② 创建一个 Windows 类型的登录账户 win_user1，密码为 abc456。

③ 创建一个 SQL Server 类型的登录账户 sql_user1，密码为 abc456，默认数据库为 master。

④ 查看服务器角色，并验证服务器角色 dbcreator 的权限。

2. 任务实现

（1）查看并设置身份验证模式

● Step1：打开 SSMS 窗口，在"对象资源管理器"中，连接到 SQL Server 数据库引擎实例，然后右击该实例，如图 13-1 所示。

图 13-1　查看服务器属性

● Step2：选择"属性"命令，进入"服务器属性"界面，如图 13-2 所示。

● Step3：在"选择页"栏，选择"安全性"，则可以查看服务器的两种身份验证模式，如图 13-3 所示。

● Step4：在"服务器身份验证"栏中选择"SQL Server 和 Windows 身份验证模式"，单击"确定"按钮，弹出重新启动 SQL Server 的提示框，如图 13-4 所示。

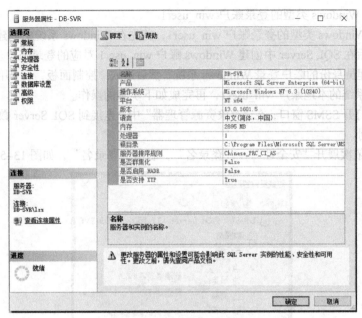

图 13-2 "服务器属性"界面

图 13-3 查看服务器的身份验证模式

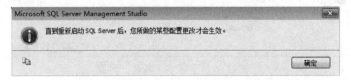

图 13-4 重新启动 SQL Server 提示框

● Step5: 单击"确定"按钮，完成身份验证模式的设置，然后重新启动 SQL Server 引擎服务，修改的身份验证模式生效。

（2）创建 Windows 类型的登录账户 win_user1

要想创建 Windows 类型的登录账户 win_user1，首先在 Windows 系统中创建 Windows 账户 win_user1，然后在 SQL Server 中创建 Windows 账户 win_user1 对应的登录账户。

首先以管理员身份的账户登录 Windows 系统，然后进入"控制面板"→"用户账户"界面，创建 Windows 系统的本地账户 win_user1，再完成如下步骤的操作。

▶ Step1：打开 SSMS 窗口，在"对象资源管理器"中，连接到 SQL Server 数据库引擎实例，然后展开该实例。

▶ Step2：依次展开"安全性"→"登录名"，右击"登录名"，如图 13-5 所示。

图 13-5　右击"登录名"

▶ Step3：选择"新建登录名"命令，打开"登录名 - 新建"界面，如图 13-6 所示。

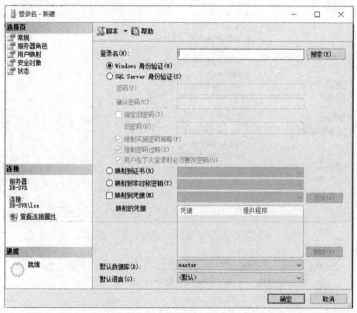

图 13-6　"登录名 - 新建"界面

▶ Step4：在左侧，选择"常规"选择页，在右侧选择"Windows 身份验证"单选按钮，然后单击"搜索"按钮，打开"选择用户或组"对话框，如图 13-7 所示。

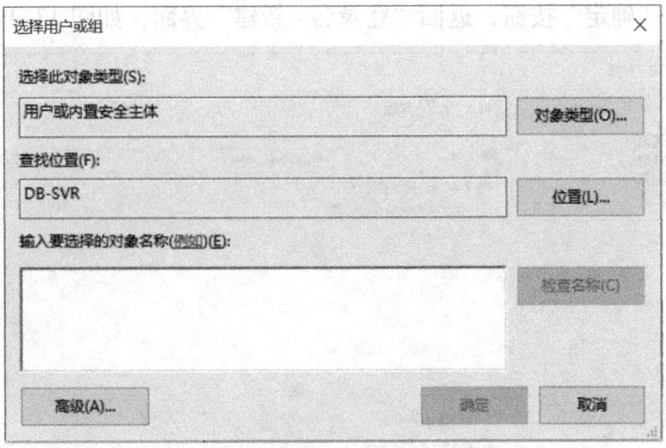

图 13-7 "选择用户或组"界面

● Step5：单击"高级"按钮，进入"高级"界面，然后单击"立即查找"按钮，选择用户 win_user1，如图 13-8 所示。

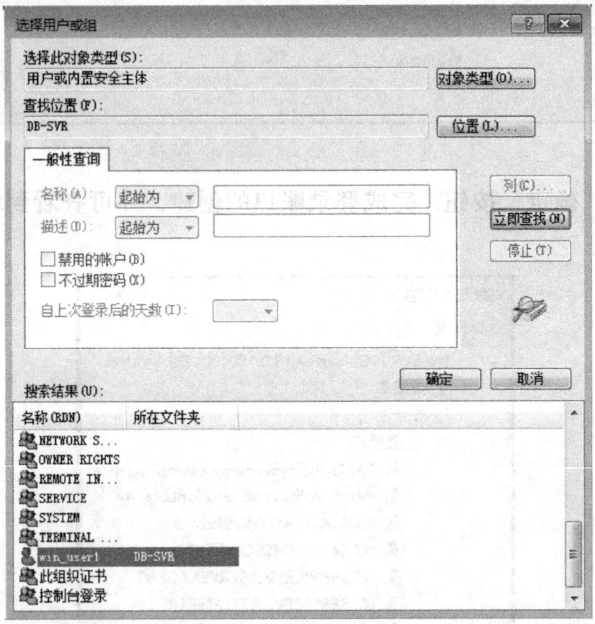

图 13-8 选择用户

● Step6：单击"确定"按钮，完成用户选择，如图 13-9 所示。

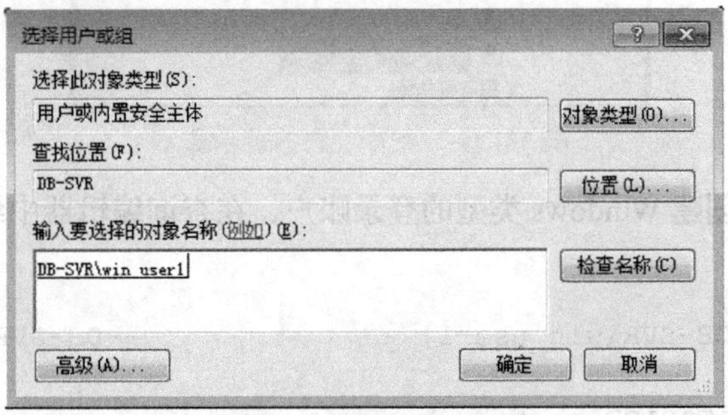

图 13-9 完成用户选择

● Step7：单击"确定"按钮，返回"登录名 - 新建"界面，如图 13-10 所示。

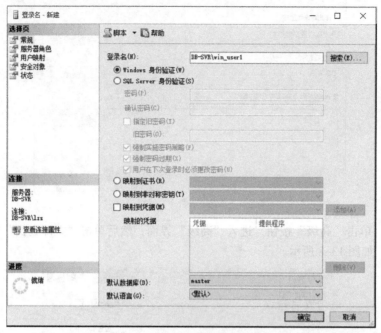

图 13-10　完成登录名的设置

● Step8：单击"确定"按钮，完成登录账户的创建，并可查看到相应的登录账户，如图 13-11 所示。

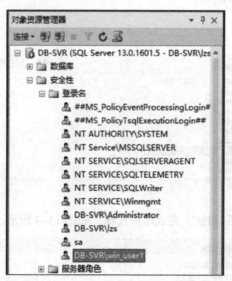

图 13-11　查看新建的登录账户

使用 T-SQL 语句创建 Windows 类型的登录账户，在查询编辑器中编辑并执行如下 SQL 语句即可实现：

```
CREATE LOGIN [DB-SVR\win_user1]          --DB-SVR 为计算机名
FROM WINDOWS
WITH DEFAULT_DATABASE=master
```

（3）创建 SQL Server 类型的登录账户 sql_user1

创建 SQL Server 类型的登录账户 sql_user1，可以使用 SSMS 工具实现，也可以使用 T-SQL 语句实现。

使用 SSMS 工具实现的步骤如下：

▶ Step1、Step2 和 Step3：此三步骤和创建 Windows 类型的登录账户相同。在"对象资源管理器"中，依次展开"服务器"→"安全性"，右击"登录名"，选择"新建登录名"命令。

▶ Step4：在左侧，选择"常规"选项，在右侧的"登录名"文本框中输入 sql_user1，选择"SQL Server 身份验证"单选按钮，在"密码"和"确认密码"文本框中输入"abc456"。取消选中"强制实施密码策略"复选框，如图 13-12 所示。

图 13-12　设置 SQL 登录账户信息

▶ Step5：单击"确定"按钮，完成登录账户的创建，并可在"对象资源管理器"中依次展开"服务器"→"安全性"→"登录名"查看新建立的登录账户。

使用 T-SQL 语句创建 SQL Server 类型的登录账户，在查询编辑器中编辑并执行如下 SQL 语句即可实现：

```
CREATE LOGIN sql_user1                    --DB-SVR 为计算机名
WITH PASSWORD='abc456',DEFAULT_DATABASE=master
```

（4）查看并验证服务器角色的权限

① 查看固定服务器角色。在"对象资源管理器"中依次展开"服务器"→"安全性"→"服务器角色"，可以查看到有 9 种固定服务器角色，如图 13-13 所示。

② 验证 dbcreator 角色的权限。dbcreator 固定服务器角色的成员可以创建、更改、删除和还原任何数据库。总体思路是：以 sql_user1 登录账户身份连接到服务器，接着执行 CREATE DATABASE 语句验证是否具有执行权限，然后再把 sql_user1 添加到 dbcreator 角色中，最后再

验证是否有执行 CREATE DATABASE 语句的权限。具体验证步骤如下：

▶ Step1：在"对象资源管理器"中，单击"断开连接工具" ，然后再单击"连接工具" ，打开"连接到服务器"对话框，在"服务器类型"下拉列表框中选择"数据库引擎"，在"服务器名称"下拉列表框中选择数据库服务器名，在"身份验证"下拉列表框中选择"SQL Server 身份验证"，在"登录名"下拉列表框中输入 sql_user1，在"密码"文本框中输入对应登录名的登录密码"abc456"，如图 13–14 所示。

图 13–13　在"对象资源管理器"中查看服务器角色　　　图 13–14　"连接到服务器"对话框

▶ Step2：单击"连接"按钮，完成以 sql_user1 身份连接到服务器。

▶ Step3：单击"新建查询"，进入"查询编辑器"，在查询编辑器中编辑并执行下列 SQL 语句：

```
CREATE DATABASE sample1
```

出现"拒绝了 CREATE DATABASE 权限"的提示，如图 13–15 所示。

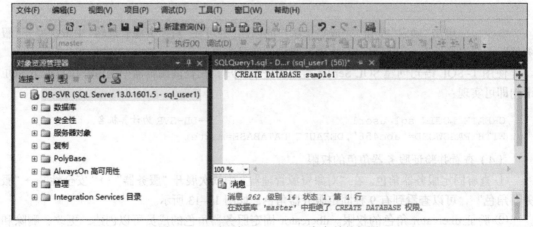

图 13–15　验证加入 dbcreator 角色前的权限

▶ Step4：断开连接，重新选择 Windows 身份验证连接服务器。

● Step5：在"对象资源管理器"中依次展开"服务器"→"安全性"→"登录名"，右击 sql_user1，选择"属性"命令，打开"登录属性"窗口，如图 13-16 所示。

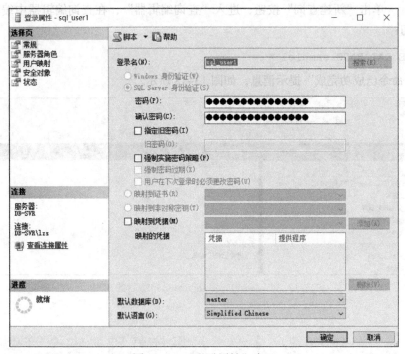

图 13-16 "登录属性"窗口

● Step6：在左侧的选择页栏中选择"服务器角色"后，在右边对应的服务器角色窗格中，选中"dbcreator"复选框，如图 13-17 所示。

图 13-17 在"登录属性"窗口中选择服务器角色

> Step7：单击"确定"按钮，sql_user1 登录账户成为服务器角色 dbcreator 的成员。

> Step8：再次断开连接，重新以 sql_user1 身份连接服务器。

> Step9：单击"新建查询"按钮，进入"查询编辑器"，在查询编辑器中编辑并执行下列 SQL 语句：

```
CREATE DATABASE sample1
```

出现"命令已成功完成"提示消息，如图 13-18 所示。

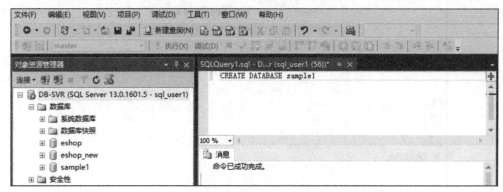

图 13-18　验证加入 dbcreator 角色后的权限

# 任务 13-2　数据库级别的安全管理

　　数据库级别的安全机制，其作用范围是数据库，当成功登录 SQL Server 服务器（实例）后，要想访问该服务器下的某个数据库，必须将服务器的登录账户映射成该数据库的用户。成功访问某个数据库后，对此数据库有什么权限，能做什么操作，则需要通过数据库级别的权限和数据库角色来管理。

　　数据库级别的角色是在数据库级别定义的，并且存在于每个数据库中。有标准的数据库角色和应用程序角色两种类型。这两种类型的角色用户都可以自己定义。标准的数据库角色已预定义好了 10 个固定数据库角色，其中 db_owner 和 db_securityadmin 数据库角色的成员可以管理固定数据库角色成员身份。但是，只有 db_owner 数据库角色的成员能够向 db_owner 固定数据库角色中添加成员。10 个固定数据库角色如表 13-2 所示。

表 13-2　固定数据库角色

| 固定数据库角色 | 描　　述 |
| --- | --- |
| db_owner | db_owner 固定数据库角色的成员可以执行数据库的所有配置和维护活动，还可以删除数据库 |
| db_securityadmin | db_securityadmin 固定数据库角色的成员可以修改角色成员身份和管理权限。向此角色中添加主体可能会导致意外的权限升级 |
| db_accessadmin | db_accessadmin 固定数据库角色的成员可以为 Windows 登录名、Windows 组和 SQL Server 登录名添加或删除数据库访问权限 |
| db_backupoperator | db_backupoperator 固定数据库角色的成员可以备份数据库 |
| db_ddladmin | db_ddladmin 固定数据库角色的成员可以在数据库中运行任何数据定义语言 (DDL) 命令 |
| db_datawriter | db_datawriter 固定数据库角色的成员可以在所有用户表中添加、删除或更改数据 |
| db_datareader | db_datareader 固定数据库角色的成员可以从所有用户表中读取所有数据 |

| 固定数据库角色 | 描　述 |
| --- | --- |
| db_denydatawriter | db_denydatawriter 固定数据库角色的成员不能添加、修改或删除数据库内用户表中的任何数据 |
| db_denydatareader | db_denydatareader 固定数据库角色的成员不能读取数据库内用户表中的任何数据 |
| public | 每个数据库用户都属于 public 数据库角色。如果未向某个用户授予或拒绝对安全对象的特定权限时，该用户将继承授予该对象的 public 角色的权限 |

**1. 任务描述**

① 在 eshop 数据库中，创建 Windows 身份验证的数据库用户，并将其与登录账户 win_user1 相映射。

② 在 eshop 数据库中，创建 SQL Server 身份验证的数据库用户，并将其与登录账户 sql_user1 相映射。

③ 在 eshop 数据库中，查看预定义的固定数据库角色，并创建数据库角色 role_select_product，使其具有查询 product 表的权限。

**2. 任务实现**

**（1）创建 Windows 身份验证的数据库用户**

创建 Windows 身份验证的数据库用户，可以使用 SSMS 工具实现，也可以使用 T-SQL 语句实现。

使用 SSMS 工具创建数据库用户，其步骤如下：

● Step1：打开 SSMS 窗口，在"对象资源管理器"中，以 Windows 管理员身份的账户连接到 SQL Server 数据库引擎实例，然后依次展开该实例。

● Step2：依次展开"数据库"→"eshop"→"安全性"，右击"用户"，如图 13-19 所示。

● Step3：选择"新建用户"命令，打开"数据库用户 - 新建"窗口。选择"常规"选项，在"用户类型"下拉列表框中选择"Windows 用户"，在"用户名"文本框中输入或者单击"…"按钮选择用户名 DB-SVR\win_user1（DB-SVR 是计算机名称），在"登录名"文本框中输入或者单击"…"按钮选择登录名 DB-SVR\win_user1，如图 13-20 所示。

● Step4：单击"确定"按钮，用户创建完毕。可在"对象资源管理器"中依次展开"服务器"→"数据库"→"eshop"→"安全性"→"用户"查看新建立的数据库用户。

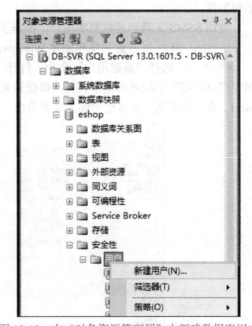

图 13-19　在"对象资源管理器"中新建数据库用户

使用 T-SQL 语句实现的对应 SQL 语句如下：

```
USE eshop
GO
CREATE USER [DB-SVR\win_user1]                    --DB-SVR 为计算机名
FROM LOGIN [DB-SVR\win_user1]
```

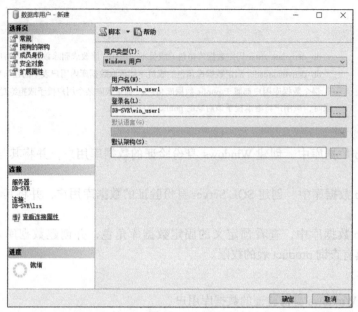

图 13-20　在"数据库用户 - 新建"窗口设置 Windows 数据库用户信息

（2）创建 SQL Server 身份验证的数据库用户

创建 SQL Server 身份验证的数据库用户，可以使用 SSMS 工具实现，也可以使用 T-SQL 语句实现。

使用 SSMS 工具创建数据库用户，操作步骤如下：

● Step1 和 Step2：这两步和创建 Windows 身份验证的数据库用户的 Step1 和 Step2 相同。

● Step3：选择"新建用户"命令，打开"数据库用户 - 新建"窗口。选择"常规"选项，在"用户类型"下拉列表框中选择"带登录名的 SQL 用户"，在"用户名"文本框中输入 sql_user1，在"登录名"文本框中输入或者单击"…"按钮选择登录名 sql_user1，如图 13-21 所示。

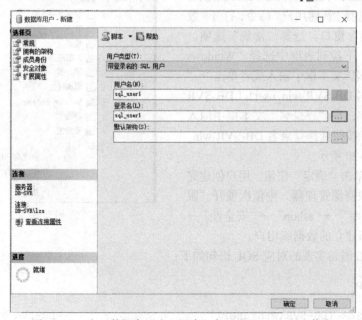

图 13-21　在"数据库用户 - 新建"窗口设置 SQL 用户信息

◑ Step4：单击"确定"按钮，用户创建完毕。可在"对象资源管理器"中依次展开"服务器"→"数据库"→"eshop"→"安全性"→"用户"查看新建立的数据库用户。

使用 T-SQL 语句实现的对应 SQL 语句如下：

```
USE eshop
GO
CREATE USER sql_user1
FROM LOGIN sql_user1
```

（3）查看固定数据库角色并创建数据库角色

◑ Step1：打开 SSMS 窗口，在"对象资源管理器"中，以 Windows 管理员身份的账户连接到 SQL Server 数据库引擎实例，然后依次展开该实例。

◑ Step2：依次展开"数据库"→"eshop"→"安全性"→"角色"→"数据库角色"，可以看到预定义的 10 个数据库角色，如图 13-22 所示。

◑ Step3：右击"数据库角色"，选择"新建数据库角色"命令，打开"数据库角色 - 新建"窗口，选择"常规"选项，在"角色名称"文本框中输入 role_select_product，在"角色成员"窗格中添加 sql_user1，如图 13-23 所示。

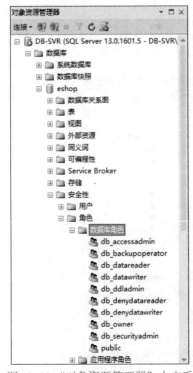

图 13-22　"对象资源管理器"中查看
数据库角色

图 13-23　"数据库角色 - 新建"
窗口中的"常规"选项

◑ Step4：在"数据库角色 - 新建" 窗口，选择"安全对象"选项，如图 13-24 所示。

◑ Step5：单击"搜索"按钮，打开"添加对象"对话框，选择"特定类型的所有对象"，单击"确定"按钮，打开"选择对象"对话框，选择对象类型"表"，单击"确定"按钮，返回"数据库角色 - 新建"对话框中的"安全对象"选项。安全对象选择 product，权限选择授予"选择"，如图 13-25 所示。

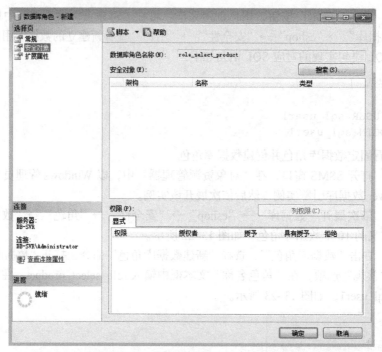

图 13-24 "数据库角色 - 新建"窗口中的"安全对象"选择页

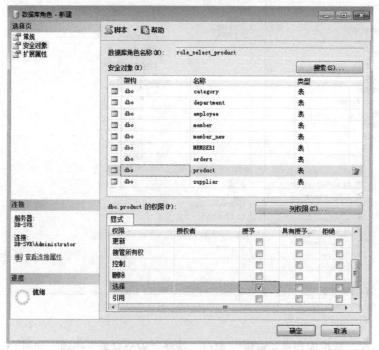

图 13-25 设置对象权限

● Step6：单击"确定"按钮，完成数据库角色的创建。可在"数据库"→"eshop"→"安全性"→"角色"→"数据库角色"中查看创建的数据库角色。

● Step7：验证 role_select_product 角色的权限，在加入角色前，以 sql_user1 身份访问

eshop 数据库后不能查询 product 表。当创建角色时或创建角色后，添加 sql_user1 用户作为角色成员后，可以查询 product 表。

# 任务 13-3　对象级别的安全管理

对象级别安全主要是通过对象权限的授予来实现。对象权限是用于对数据库对象进行访问和操作的权限控制，是 SQL Server 安全机制的最后一个安全级别。常见的数据库对象包括表、视图和存储过程等。对这些对象的权限包括 INSERT、DELETE、UPDATE、SELECT 和 EXECUTE 等，其中 EXECUTE 权限适用于存储过程。

对象权限的管理可以通过 GRANT（授予）、DENY（拒绝）和 REVOKE（撤销）等操作来实现。实现对象权限的管理可以使用 SSMS 工具实现，也可以使用 T-SQL 语句实现。

## 1. 任务描述

① 使用 SSMS 工具完成如下权限设置：授予数据库用户 sql_user1 对 member 表有 SELECT、UPDATE 权限、拒绝 DELETE 权限、然后撤销 UPDATE 权限。

② 使用 T-SQL 语句完成如下权限设置：授予数据库用户 sql_user1 对 member 表有 SELECT、UPDATE 权限、拒绝 DELETE 权限、然后撤销 UPDATE 权限。

## 2. 任务实现

### （1）使用 SSMS 工具完成对象权限设置

▶ Step1：打开 SSMS 窗口，在"对象资源管理器"中，以 Windows 管理员身份的账户连接到 SQL Server 数据库引擎实例，然后依次展开该实例。

▶ Step2：依次展开"数据库"→"eshop"→"安全性"→"用户"，右击 sql_user1，选择"属性"命令，打开"数据库用户 -sql_user1"窗口，如图 13-26 所示。

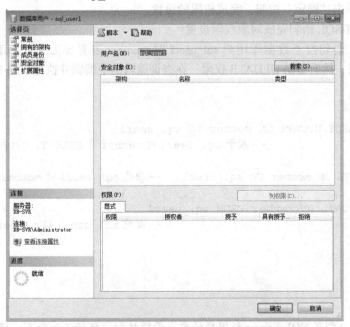

图 13-26　"数据库用户 -sql_user1"窗口

● Step3：选择"安全对象"选项，单击"搜索"按钮，打开"添加对象"对话框，选择"特定类型的所有对象"，单击"确定"按钮，打开"选择对象"对话框，选择对象类型"表"，单击"确定"按钮，返回"数据库用户 -sql_user1"对话框的"安全对象"选项。安全对象选择 member，member 的权限选择授予"选择"和"更新"、拒绝"删除"，如图 13-27 所示。如果要撤销 UPDATE 权限，则取消相应权限复选框中的标记"√"。

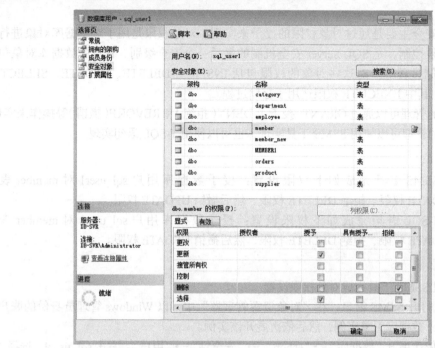

图 13-27 在"数据库用户 -sql_user1"对话框设置权限

● Step4：单击"确定"按钮，完成权限的设置。

（2）使用 T-SQL 语句完成对象权限设置

使用 T-SQL 语句授予数据库用户 sql_user1 时 member 表有 SELECT、UPDATE 权限，拒绝 DELETE 权限，然后撤销 UPDATE 权限，在查询编辑器中编辑并执行下列 SQL 语句：

```
USE eshop
GO
GRANT SELECT,UPDATE ON member TO sql_user1
                --授予 sql_user1 对 member 有 SELECT、UPDATE 权限
GO
DENY DELETE ON member TO sql_user1    -- 拒绝 sql_user1 对 member 的 DELETE 权限
GO
REVOKE UPDATE ON member FROM sql_user1
                        -- 拒绝 sql_user1 对 member 的 DELETE 权限
```

 项 目 总 结

本项目详细介绍了 SQL Server 数据库的安全管理机制，包括 3 个级别：服务器级别安全、

数据库级别安全、数据库对象级别安全的安全主体和安全机制的知识，以及如何实现这 3 个级别的安全机制的实践技能。

1. 关键知识

① SQL Server 安全机制。

② 服务器级别安全机制及安全主体。

③ 数据库级别安全机制及安全主体。

④ 对象级别安全机制及安全主体。

⑤ Windows 身份验证与 SQL Server 身份验证的区别。

⑥ 登录账户与数据库用户的区别。

⑦ 服务器角色与数据库角色的区别。

⑧ GRANT、DENY、REVOKE 等 DCL 语言的语法格式。

2. 关键技能

① 修改 SQL Server 服务器的身份验证模式。

② 创建并管理 Windows 登录账户和 SQL Server 登录账户，并进行登录。

③ 添加登录账户到服务器角色，并验证服务器角色的权限。

④ 创建数据库用户和数据库角色，并验证数据库角色的权限。

⑤ 对数据库对象（如表、视图等）的权限进行授予（GRANT）、拒绝（DENY）和回收（REVOKE）。

拓 展 训 练

1. 知识训练

（1）填空题

① SQL Server 数据库的安全机制，通过三级安全机制来实现，包括服务器级别安全、_____和对象级别安全。

② 在 SQL Server 中，身份验证模式有_____模式和_____模式。

③ 在 SQL Server 中，_____为了简化权限管理，类似于 Windows 系统中的组，把一组具有相同权限的用户组织在一起。

④ 在固定服务器角色中，_____角色的成员可以在服务器中执行任何活动。

⑤ 在固定数据库角色中，_____角色成员可以执行数据库的所有配置和维护活动，还可以删除数据库。

⑥ 在 SQL Server 中，内置的数据库系统管理员登录账户是_____，内置的数据库所有者用户是_____。

（2）选择题

① 下列选项中，不是数据库角色的是（　　　）。

　　A. 固定数据库角色　　　　　　　　B. 用户自定义标准数据库角色

　　C. 应用程序角色　　　　　　　　　D. 系统管理角色

② 下列选项中，不是服务器角色的是（　　　）。

A. db_owner　　　　　　　　　　　B. sysadmin

    C. securityadmin                       D. dbcreator

③ 下列描述中，错误的是（　　　）。

    A. 登录账户是服务器级别的安全主体

    B. 用户是数据库级别的安全主体

    C. 数据库用户是由登录账户映射而来的

    D. sa 是 Windows 类型登录账户，不是 SQL Server 类型登录账户

④ 实现对表 student 授予查询权限给用户 user1，使用的 DCL 语句是（　　　）。

    A. REVOKE    B. DENY         C. GRANT        D. SELECT

⑤ 下列描述，错误的是（　　　）。

    A. 数据库服务器的身份验证模式，在安装完毕后不能修改

    B. dbcreator 角色的成员可以创建数据库

    C. CREATE LOGIN 是创建登录账户的 SQL 语句

    D. CREATE USER 是创建数据库用户的 SQL 语句

⑥ 下列权限适合存储过程的是（　　　）。

    A. SELECT    B. INSERT       C. DELETE        D. EXECUTE

2. 技能训练

在 "教学管理系统" 中，其数据库为 schoolDB，学生表 student 结构参见表 4-8。

使用 T-SQL 语句完成如下任务：

① 根据表 4-8 创建学生表 student，如果数据库中已经存在这个表，就不需要再创建，并添加一部分记录。

② 创建一个 Windows 类型的登录账户 win1，密码为 "123456"。

③ 创建一个 SQL Server 类型的登录账户 sql1，密码为 "123456"，默认数据库为 master。

④ 以 sql1 登录服务器，验证其是否能够创建数据库。然后，把 sql1 加入到服务器角色 dbcreator 中，再次登录验证是否能够创建数据库。

⑤ 在 schoolDB 数据库中，创建 Windows 身份验证的数据库用户，并将其与登录账户 win1 相映射。

⑥ 在 schoolDB 数据库中，创建 SQL Server 身份验证的数据库用户，并将其与登录账户 sql1 相映射。

⑦ 在 schoolDB 数据库中，创建数据库角色 role_student，使其对 student 表具有 SELECT、INSERT 的授予权限和 DELETE 的拒绝权限。

⑧ 授予数据库用户 sql1 对 student 表有 SELECT、UPDATE 权限、拒绝 DELETE 权限、然后撤销 UPDATE 权限。

# 项目 14

# 备份与还原数据库

　　数据库系统在运用过程中，由于软件、硬件、操作，以及自然灾害等各方面的原因，会导致数据破坏、丢失，甚至系统崩溃。这些事件的发生，严重影响数据库系统的完整性、安全性和可靠性。当这些错误、故障发生时，为把损失降低到最低程度，可采取不同的安全措施，数据库备份和还原是 SQL Server 数据库系统提供的重要安全措施，对有效数据进行备份，当数据被破坏或丢失时，可利用有效的备份数据进行恢复。数据库的备份和还原，不仅是数据安全的重要措施，而且是数据库管理人员的重要日常管理工作。

## 教学指导

| 项目分解 | 任务 14-1　创建备份设备 |
| --- | --- |
| | 任务 14-2　完整备份与还原 |
| | 任务 14-3　差异备份与还原 |
| | 任务 14-4　事务日志备份与还原 |
| 知识目标 | ① 理解备份与还原的概念 |
| | ② 掌握备份设备中逻辑设备、物理设备的概念 |
| | ③ 掌握恢复模式的概念，以及 3 种恢复模式的概念和作用 |
| | ④ 掌握完整备份、差异备份和事务日志备份的概念和区别 |
| | ⑤ 掌握创建备份设备的 SQL 语法格式 |
| | ⑥ 掌握实现完整备份与还原的 SQL 语法格式 |
| | ⑦ 掌握实现差异备份与还原的 SQL 语法格式 |
| | ⑧ 掌握实现事务日志备份与还原的 SQL 语法格式 |
| 技能目标 | ① 能够创建备份设备 |
| | ② 能够实现完整备份与还原 |
| | ③ 能够实现差异备份与还原 |
| | ④ 能够实现事务日志备份与还原 |
| 素养目标 | ① 培养严谨规范精神 |
| | ② 培养实证精神 |
| | ③ 具有规矩意识 |

## 项目提要

　　数据库备份，即从 SQL Server 数据库或其事务日志中将数据或日志记录复制到相应的设备（如磁盘、磁带），以创建数据副本或事务日志副本。数据还原用于将指定 SQL Server

备份中的所有数据和日志复制到指定数据库，然后通过应用记录的更改使该数据在时间上向前移动，以前滚备份中记录的所有事务。

实现一个安全的、效率高的、代价低的数据库的备份和还原，是设计一个好的备份和还原策略的出发点。设计一个好的备份和还原策略需要考虑多方面的因素，包括备份内容、备份计划、备份介质、备份设备、备份类型和恢复模式。备份介质通常有磁介质（如磁带、磁盘）和光介质（光盘）。在 SQL Server 系统中，常见的备份类型有完整备份、差异备份、事务日志备份、文件和文件组备份。备份设备类型、备份类型在后续各个任务中有相应的详细描述。

"恢复模式"是一种数据库属性，它控制如何记录事务、事务日志是否需要或允许备份，以及可以使用哪些类型的还原操作。有 3 种恢复模式：简单恢复模式、完整恢复模式和大容量日志恢复模式。通常，数据库使用完整恢复模式或简单恢复模式。数据库可以随时切换为其他恢复模式。

① 简单恢复模式：在该模式下，数据库记录大多数事务，并不会记录所有的事务。数据库在备份之后，自动截断事务日志，即把不活动的事务日志删除，因此，不支持事务日志备份，也不能恢复到出现故障的时间点，具有较高的安全风险。建议只有在对数据安全性要求不高的数据库使用该恢复模式。

② 完整恢复模式：在该模式下，数据库完整地记录了所有的事务，并保留所有事务的详细日志，支持恢复到出现故障的时间点。该模式可在最大范围内防止出现故障时丢失数据，为数据安全提供了全面的保护。建议对数据安全性、可靠性要求高的数据库中使用该恢复模式。

③ 大容量日志恢复模式：在该模式下，数据库不会对所有事务做详细的、全部的记录，只对大容量操作做最少的记录，这样，对数据恢复带来一定的影响，但提高了大容量操作的性能。通常情况下，只有在要进行大容量操作之前，才改用该恢复模式，大容量操作结束之后，再设置回到原来的恢复模式。

# 任务 14-1　创建备份设备

在 SQL Server 系统中，数据库的备份设备可分为物理备份设备和逻辑备份设备。物理备份设备是指保存备份数据的操作系统所识别的磁带或磁盘文件。逻辑备份设备是指数据库系统所识别的逻辑对象，是指向特定物理备份设备（磁盘文件或磁带）的可选用户定义名称，是物理备份设备的一个逻辑别名。在数据库实例中，该名称必须是唯一的。

1. 任务描述

创建一个备份设备，备份设备逻辑名为 eshop_backup_dev，对应的物理文件的保存目录为 E:\eshop_bak（注：建议先确保数据库服务器上已创建此目录），物理文件名为 eshop.bak。

2. 任务实现

创建备份设备，可以通过 SSMS 工具实现，也可以通过 T-SQL 语句实现。

（1）使用 SSMS 工具创建备份设备

▶ Step1：打开 SSMS 窗口，以 Windows 管理员身份的账户连接到 SQL Server 数据库引擎实例。

● Step2：在"对象资源管理器"中，依次展开"服务器"→"服务器对象"，右击"备份设备"，如图 14-1 所示。

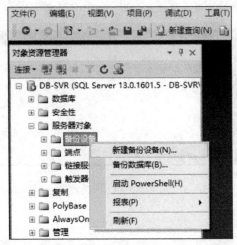

图 14-1　在"对象资源管理器"中新建备份设备

● Step3：选择"新建备份设备"命令，弹出"备份设备"窗口，选择"常规"选项，在"设备名称"文本框中输入 eshop_backup_dev，备份文件路径设为 E:\eshop_bak，文件名设为 eshop.bak，如图 14-2 所示。

● Step4：单击"确定"按钮，完成备份设备的创建。

图 14-2　"备份设备"窗口中设置备份设备信息

（2）使用 T-SQL 语句创建备份设备

使用 T-SQL 语句创建设备逻辑 eshop_backup_dev，其对应的物理文件的保存目录为 E:\eshop_bak，物理文件名为 eshop.bak。在查询编辑器中编辑并执行下列 SQL 语句：

```
USE master
GO
EXEC sp_addumpdevice 'disk', 'eshop_backup_dev', 'E:\eshop_bak\eshop.bak'
```

执行结果如图 14-3 所示。

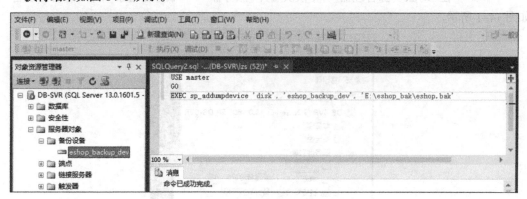

图 14-3　使用 T-SQL 语句创建备份设备

## 任务 14-2　完整备份与还原

完整数据库备份可对整个数据库进行备份。这包括对部分事务日志进行备份，以便在还原完整数据库备份之后，能够恢复完整数据库备份。完整数据库备份表示备份完成时的数据库。完整备份是最重要的备份，也是最简单的备份，不管采用何种备份策略，完整备份都是必需的基本备份。

### 1. 任务描述

对电子商务数据库 eshop 进行完整备份，备份数据到备份设备 eshop_backup_dev 中。为验证备份数据的有效性，备份完成后删除数据库 eshop，然后使用备份数据进行还原，并检查还原后相关的数据是否和备份时的数据一致。

### 2. 任务实现

（1）创建数据库完整备份

创建数据库 eshop 的完整备份，可以通过 SSMS 工具实现，也可以通过 T-SQL 语句实现。

① 使用 SSMS 工具创建数据库完整备份：

● Step1：打开 SSMS 窗口，以 Windows 管理员身份的账户连接到 SQL Server 数据库引擎实例。

● Step2：在"对象资源管理器"中，依次展开"服务器"→"数据库"，右击 eshop，如图 14-4 所示。

● Step3：选择"任务"→"备份"命令，弹出"备份数据库"窗口，选择"常规"选项，"备份类型"选择"完整"，在"目标"区域中先删除已存在的目标，然后单击"添加"按钮，弹出"选择备份目标"对话框，选中"备份设备"复选框，单击下拉按钮，选择 eshop_backup_dev，如图 14-5 所示。然后单击"确定"按钮，返回"备份数据库"窗口，如图 14-6 所示。

● Step4：可根据实际情况选择"介质选项"和"备份选项"中的各项设置。例如，为了保证数据库完整备份的最新备份，可以在"介质选项"中选择"覆盖所有现有备份集"单选按钮，以用于初始化新的备份设备，覆盖原有的备份集，如图 14-7 所示。

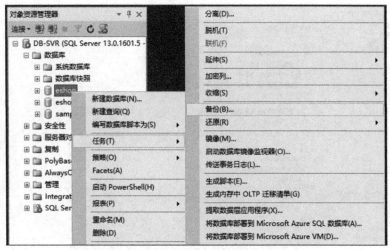

图 14-4　在"对象资源管理器"中备份数据库

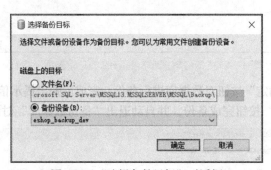

图 14-5　"选择备份目标"对话框

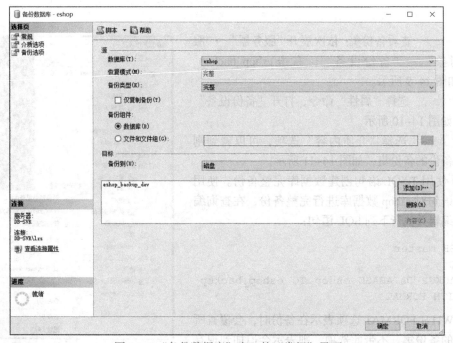

图 14-6　"备份数据库"窗口的"常规"界面

图 14-7　"备份数据库"窗口的"介质选项"界面

● Step5：单击"确定"按钮对数据库进行备份，完成后弹出提示信息框，如图 14-8 所示。单击提示框中的"确定"按钮完成备份，并自动退出"备份数据库"对话框。

图 14-8　备份完成提示信息框

● Step6：查看备份集：依次展开"服务器"→"服务器对象"→"备份设备"，右击 eshop_backup_dev，如图 14-9 所示。

● Step7：选择"属性"命令，打开"备份设备"窗口，如图 14-10 所示。

● Step8：选择"介质内容"选项，可以看到刚才完整备份的备份集，如图 14-11 所示。

② 使用 T-SQL 语句创建数据库完整备份。使用 T-SQL 语句对 eshop 数据库进行完整备份，在查询编辑器中编辑并执行下列 SQL 语句：

```
USE master
GO
BACKUP DATABASE eshop TO eshop_backup_
dev WITH FORMAT
```

其中，WITH FORMAT 选项表示在备份时，会覆盖所有现有的备份集，不带此选项，则表示会追加到现有

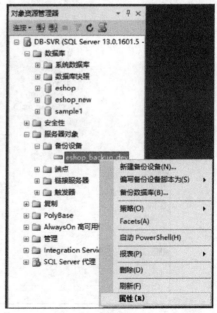

图 14-9　"对象资源管理器"中查看备份集

备份集中。

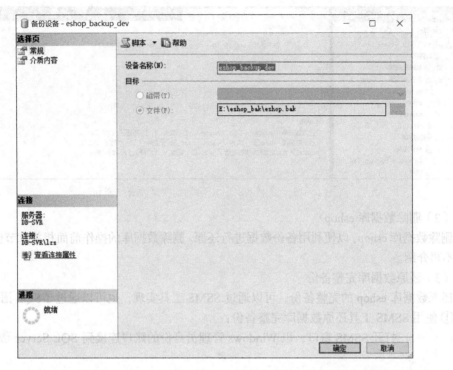

图 14-10　"备份设备"窗口的"常规"界面

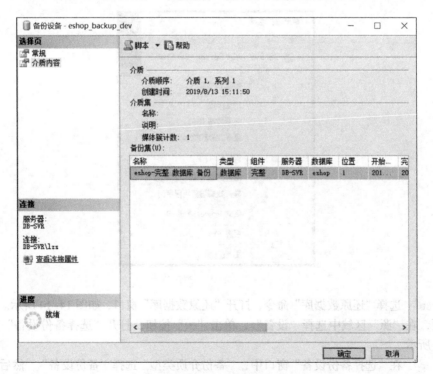

图 14-11　"备份设备"窗口的"介质内容"界面

执行结果如图 14-12 所示。

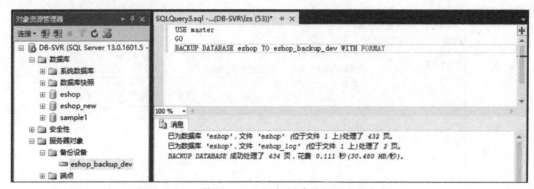

图 14-12　使用 T-SQL 语句创建数据库完整备份

（2）删除数据库 eshop

删除数据库 eshop，以便利用备份数据进行还原。删除数据库的操作前面相关章节已做介绍，这里不再介绍。

（3）还原数据库完整备份

还原数据库 eshop 的完整备份，可以通过 SSMS 工具实现，也可以通过 T-SQL 语句实现。

① 使用 SSMS 工具还原数据库完整备份：

▶ Step1：打开 SSMS 窗口，以 Windows 管理员身份的账户连接到 SQL Server 数据库引擎实例。

▶ Step2：在"对象资源管理器"中，展开"服务器"，右击"数据库"，如图 14-13 所示。

图 14-13　右击"数据库"

▶ Step3：选择"还原数据库"命令，打开"还原数据库"窗口，如图 14-14 所示。选择"常规"选项，在"源"区域中选择"设备"，单击"…"按钮，打开"选择备份设备"窗口，如图 14-15 所示。

▶ Step4：在"选择备份设备"窗口中，"备份介质类型"选择"备份设备"，然后单击"添加"按钮，选择备份设备 eshop_backup_dev，如图 14-16 所示。

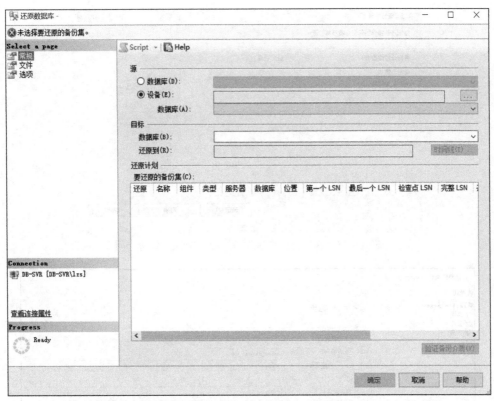

图 14-14 "还原数据库"对话框

图 14-15 "选择备份设备"窗口

● Step5：单击"确定"按钮，返回"还原数据库"窗口，如图 14-17 所示。

● Step6：选择需要还原的完整备份集。然后单击"确定"按钮，弹出"成功还原"的提示信息，再单击提示信息框中的"确定"按钮，完成 eshop 数据库完整备份的还原。同时，可以检查 eshop 数据库中数据已还原到备份时的状态。

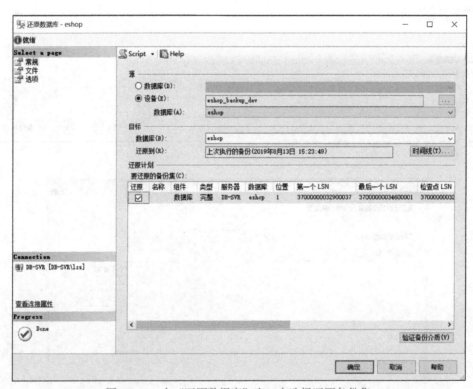

图 14-16　在"选择备份设备"窗口中选择备份介质

图 14-17　在"还原数据库"窗口中选择还原备份集

　　② 使用 T-SQL 语句还原数据库完整备份。使用 T-SQL 语句还原 eshop 数据库的完整备份，在查询编辑器中编辑并执行下列 SQL 语句：

```
USE master
GO
RESTORE DATABASE eshop FROM eshop _backup_dev
```

执行结果如图 14-18 所示。

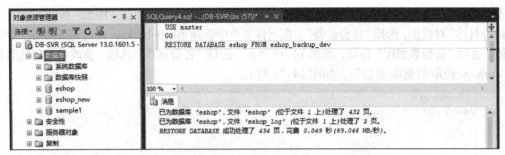

图 14-18 使用 T-SQL 语句还原数据库完整备份

## 任务 14-3 差异备份与还原

随着数据库不断增大，完整备份需要花费更多时间才能完成，并且需要更多的存储空间。因此，对于大型数据库而言，用户可以用一系列"差异数据库备份"来补充完整数据库备份。差异备份是以最近一次的完整数据备份作为"基准"，备份自该次完整备份后发生更改的数据。相对于完整备份来说，差异备份的速度非常快，但是，当还原差异备份时，应先还原作为其基准的完整备份。当数据库的某个子集比该数据库的其余部分修改得更为频繁时，差异备份显得特别有用。

1. 任务描述

在前一个任务（即完整备份）的基础上，也可以创建一份新的完整备份，完成了完整备份后，再修改数据库的数据，如添加一个表（当然，也可以修改某个表中的数据），这里复制 product 表，新表名为 product_new，然后创建差异备份。接下来，可以验证差异备份的有效性，删除数据库 eshop，然后利用完整备份和差异备份进行还原，检查数据库是否还原到差异备份时的状态。

2. 任务实现

（1）创建数据库 eshop 的完整备份

前面的任务已详细介绍，此处不再重复。

（2）修改数据库中的数据（添加一个新表）

在查询编辑器中，编辑并执行下列 SQL 语句，复制 product 表到 product_new 表：

```
USE eshop
SELECT * INTO product_new FROM product
```

（3）创建数据库差异备份

创建数据库 eshop 的差异备份，可以通过 SSMS 工具实现，也可以通过 T-SQL 语句实现。

提醒：创建差异备份前，应已创建过完整备份。

① 使用 SSMS 工具创建数据库差异备份：

● Step1：打开 SSMS 窗口，以 Windows 管理员身份的账户连接到 SQL Server 数据库引擎实例。

● Step2：在"对象资源管理器"中，依次展开"服务器"→"数据库"，右击 eshop，选择"任务"→"备份"命令，打开"备份数据库"窗口，选择"常规"选项，在备份类型下拉列表中选择"差异",在"目标"区域中先删除已存在的目标,然后单击"添加"按钮,打开"选择备份目标"对话框,选择"备份设备",在下拉菜单中选择 eshop_backup_dev,然后单击"确定"按钮,返回"备份数据库"窗口,如图 14-19 所示。选择"备份选项"选项,修改备份集的名称,如"eshop- 差异 数据库 备份",如图 14-20 所示。

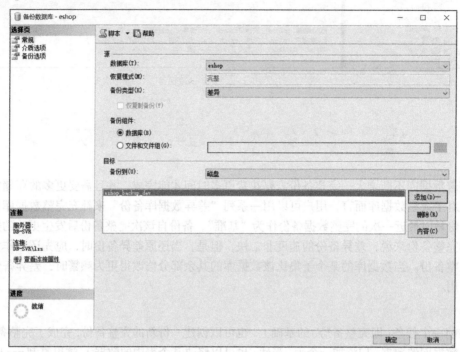

图 14-19 "备份数据库"窗口的"常规"界面

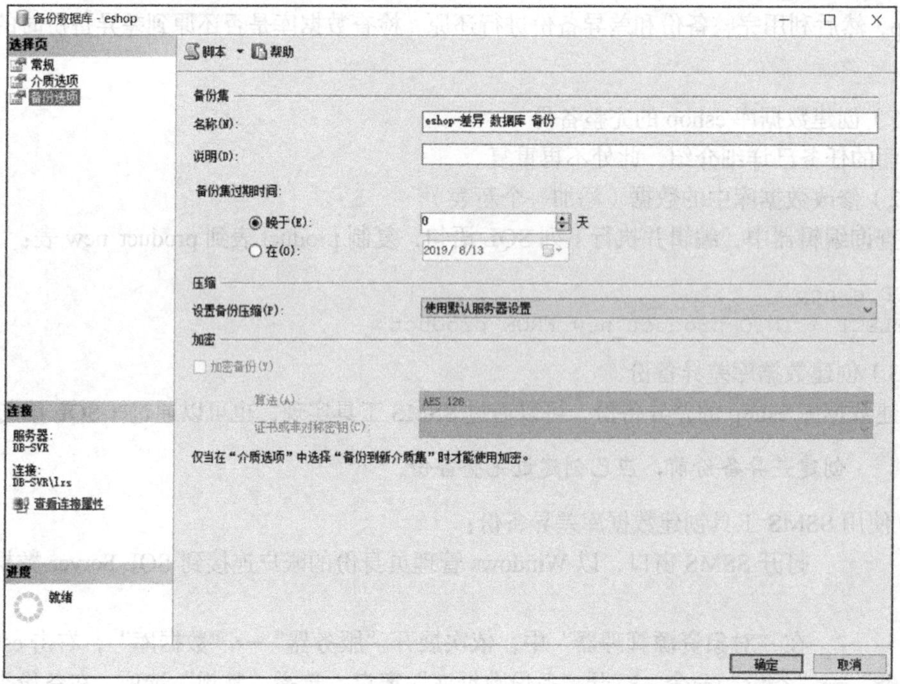

图 14-20 "备份数据库"窗口的"备份选项"界面

⚫ Step3：选择"介质选项"选项，可以根据实际情况进行设置，确认是否选择"追加到现有备份集"（默认是选择此项），这样以便保留备份设备中原有的备份集（如此前创建的完整备份集）。

⚫ Step4：单击"确定"按钮对数据库进行备份，完成后弹出提示信息框。再单击提示框中的"确定"按钮完成备份，并自动退出"备份数据库"窗口。

⚫ Step5：查看备份集。依次展开"服务器"→"服务器对象"→"备份设备"，右击 eshop_backup_dev，选择"属性"命令，打开"备份设备"窗口，选择"介质内容"选项，可以看到刚才的差异备份的备份集和以前创建的完整备份集，如图 14-21 所示。

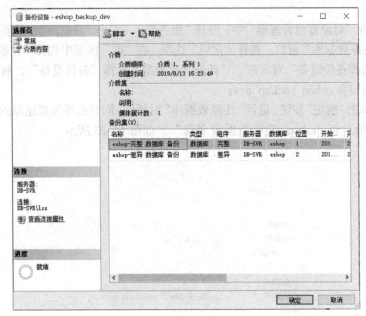

图 14-21 "备份设备"窗口的"介质内容"页界面

② 使用 T-SQL 语句创建数据库差异备份。使用 T-SQL 语句创建 eshop 数据库的差异备份，在查询编辑器中编辑并执行下列 SQL 语句：

```
USE master
GO
BACKUP DATABASE eshop TO eshop_backup_dev WITH DIFFERENTIAL
```

执行结果如图 14-22 所示。

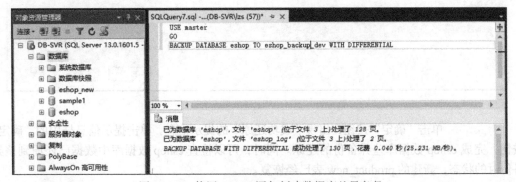

图 14-22 使用 T-SQL 语句创建数据库差异备份

（4）删除数据库 eshop

删除数据库 eshop，以便利用完整备份和差异备份的备份数据进行还原。删除数据库的操作前面相关章节已做介绍，这里不再重复。

（5）还原数据库差异备份

还原数据库 eshop 的差异备份前，先应还原此差异备份的基准备份，即先还原完整备份，可以通过 SSMS 工具实现，也可以通过 T-SQL 语句实现。

① 使用 SSMS 工具还原数据库差异备份：

▶ Step1：打开 SSMS 窗口，以 Windows 管理员身份的账户连接到 SQL Server 数据库引擎实例。

▶ Step2：在"对象资源管理器"中，展开"服务器"，右击"数据库"，选择"还原数据库"命令，打开"还原数据库"窗口。选择"常规"选项，在"源"区域中选择"设备"，单击"…"按钮，打开"选择备份设备"对话框，"备份介质类型"选择"备份设备"，然后单击"添加"按钮，选择备份设备 eshop_backup_dev。

▶ Step3：单击"确定"按钮，返回"还原数据库"对话框，同时选择需要还原的备份集"eshop-完整 数据库 备份"和"eshop- 差异 数据库 备份"，如图 14-23 所示。

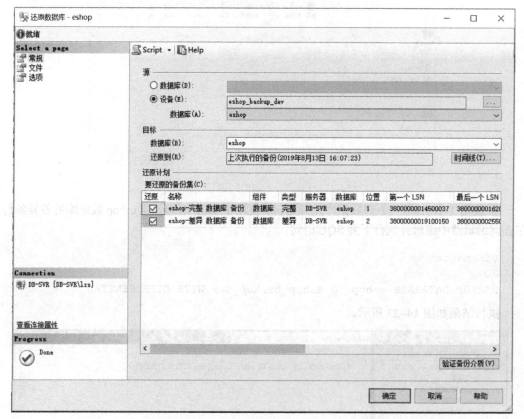

图 14-23　在"还原数据库"窗口中选择要还原的完整备份和差异的备份集

▶ Step4：单击"确定"按钮，出现"成功还原"的提示信息，单击提示信息框中的"确定"按钮，完成 eshop 数据库差异备份的还原。同时，可以检查 eshop 数据库中数据已还原到差异备份时的状态，新建的 product_new 表已经恢复。

② 使用 T-SQL 语句还原数据库差异备份。使用 T-SQL 语句还原 eshop 数据库的差异备份，在查询编辑器中编辑并执行下列 SQL 语句：

第一步：先还原完整备份。

```
USE master
GO
RESTORE DATABASE eshop FROM eshop_backup_dev
WITH FILE=1,NORECOVERY
GO          --FILE=1 表示第 1 个备份集，NORECOVERY 表示还原还没结束，需要继续还原
```

执行结果如图 14-24 所示。

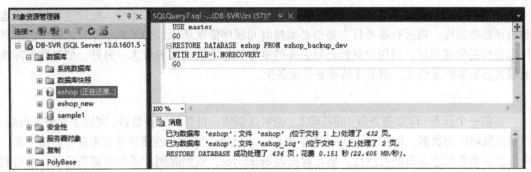

图 14-24 使用 T-SQL 语句还原数据库完整备份（还原差异备份前）

提醒：可以看到 eshop 数据库显示"正在还原…"，这表示数据库正在还原，还原还没结束，需要再做下一步的还原，此时，数据库是不可操作的。

第二步：再还原差异备份。

```
RESTORE DATABASE eshop FROM eshop_backup_dev
WITH FILE=2,RECOVERY
          -- FILE=2 表示第 2 个备份集，RECOVERY 表示还原已经结束，不需要继续还原
```

执行结果如图 14-25 所示。

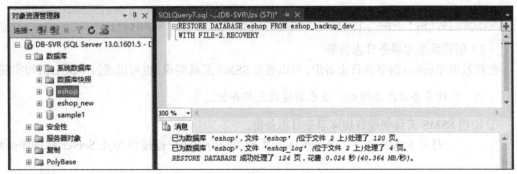

图 14-25 使用 T-SQL 语句还原数据库差异备份

提醒：此时，可以看到 eshop 数据库不再显示"正在还原…"，这表示数据库还原已经结束，不需要再做下一步的还原，同时，数据库是可操作的。

## 任务 14-4 事务日志备份与还原

每个 SQL Server 数据库都具有事务日志，用于记录所有事务以及每个事务对数据库所做的修改。事务日志是数据库的重要组件，如果系统出现故障，则可能需要使用事务日志将数据库恢复到一致状态。事务日志备份是备份自上一次事务日志备份以后发生的所有日志记录。在创建任何事务日志备份前，至少创建一个完整备份。相对于完整备份和差异备份来说，使用事务日志备份来恢复数据库速度慢些。同时，使用事务日志备份还原数据库可以还原到某个时刻点的状态。

如果在完整数据库备份或差异数据库备份后创建了多个事务日志备份，使用这些事务日志备份还原数据库，则所有事务日志备份必须按时间顺序依次还原。如果此事务日志链中的事务日志备份丢失或损坏，则用户只能还原丢失的事务日志之前的事务日志。另外，如果数据库恢复模式是简单恢复模式，则不支持事务日志备份。

### 1. 任务描述

在前一个任务（即完整备份）的基础上，也可以创建一份新的完整备份。完成了完整备份后，再修改数据库的数据，如在 employee 表中添加一条记录。然后，创建事务日志备份。接下来，可以验证事务日志备份的有效性，删除数据表 employee，或删除刚才添加的那条记录，然后利用完整备份和事务日志备份进行还原，检查数据库是否还原到事务日志备份时的状态，即可查看到新添加的那条记录。

### 2. 任务实现

（1）创建数据库 eshop 的完整备份

前面的任务已详细介绍，此处不再重复。

（2）修改数据库中的数据（在 employee 表中添加一条记录）

在查询编辑器中，编辑并执行下列 SQL 语句：

```
USE eshop
GO
INSERT INTO employee(EmpID,EmpName,DepID,Sex,Telephone,UserName,UserPwd)
VALUES(9006,'小乔',1, '女','88553344','xiaoq','888888')
```

（3）创建数据库事务日志备份

创建数据库 eshop 的事务日志备份，可以通过 SSMS 工具实现，也可以通过 T-SQL 语句实现。

提醒：创建事务日志备份前，应已创建过完整备份。

① 使用 SSMS 工具创建数据库事务日志备份：

▶ Step1：打开 SSMS 窗口，以 Windows 管理员身份的账户连接到 SQL Server 数据库引擎实例。

▶ Step2：在"对象资源管理器"中，依次展开"服务器"→"数据库"，右击 eshop，选择"任务"→"备份"命令，打开"备份数据库"窗口。选择"常规"选项，在"备份类型"下拉列表中选择"事务日志"，在"目标"区域中先删除已存在的目标，然后单击"添加"按钮，打开"选择备份目标"对话框，选择"备份设备"，单击下拉按钮，选择 eshop_backup_dev。然后，单击"确定"按钮，返回"备份数据库"窗口，如图 14-26 所示。

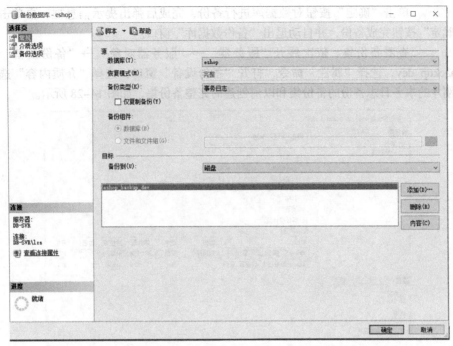

图 14-26　在"备份数据库"窗口的"常规"界面设置事务日志备份

▶ Step3：在"介质选项"界面，可以根据实际情况设置相应的选项，确认是否选择"追加到现有备份集"单选按钮（默认是选择此项），这样以便保留备份设备中原有的备份集（如此前创建的完整备份集）。选择"备份选项"选项，修改备份集名称，如"eshop- 事务日志 数据库 备份"，如图 14-27 所示。

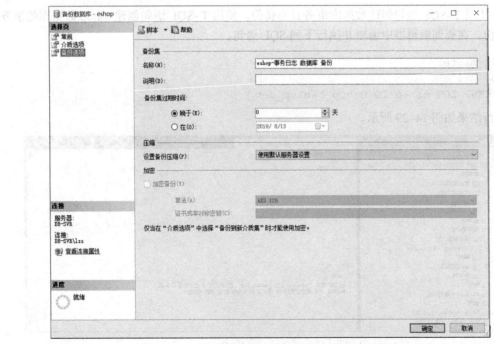

图 14-27　"备份数据库"窗口的"备份选项"界面

▶ Step4：单击"确定"按钮对数据库进行备份，完成后弹出提示信息框。再单击提示框中的"确定"按钮完成备份，并自动退出"备份数据库"窗口。

▶ Step5：查看备份集。依次展开"服务器"→"服务器对象"→"备份设备"，右击 eshop_backup_dev，选择"属性"命令，打开"备份设备"窗口，选择"介质内容"选项，可以看到刚才的事务日志备份的备份集和以前创建的完整备份集，如图14-28所示。

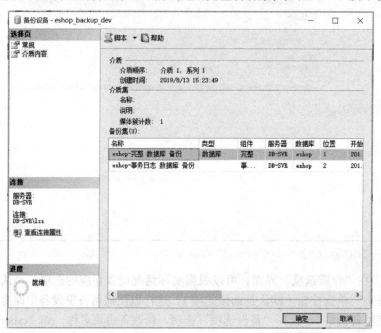

图14-28 "备份设备"窗口的"介质内容"界面（事务日志）

② 使用 T-SQL 语句创建数据库事务日志备份。使用 T-SQL 语句创建 eshop 数据库的事务日志备份，在查询编辑器中编辑并执行下列 SQL 语句：

```
USE master
GO
BACKUP LOG eshop TO eshop_backup_dev
```

执行结果如图14-29所示。

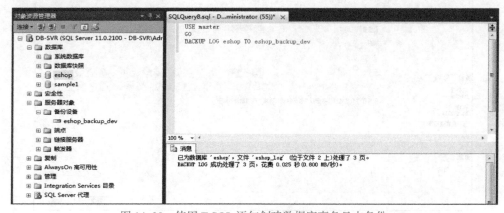

图14-29 使用 T-SQL 语句创建数据库事务日志备份

（4）删除数据表 employee

删除数据表 employee，以便利用完整备份和事务日志备份的备份数据进行还原。删除数据表的操作前面相关章节已做介绍，这里不再重复。

（5）还原数据库事务日志备份

还原数据库 eshop 的事务日志备份前，先应还原完整备份，可以通过 SSMS 工具实现，也可以通过 T–SQL 语句实现。

① 使用 SSMS 工具还原数据库事务日志备份：

▶ Step1：打开 SSMS 窗口，以 Windows 管理员身份的账户连接到 SQL Server 数据库引擎实例。

▶ Step2：在"对象资源管理器"中，展开"服务器"，右击"数据库"，选择"还原数据库"命令，打开"还原数据库"窗口。选择"常规"选项，在"源"区域中选择"设备"，单击"…"按钮，打开"选择备份设备"对话框，"备份介质类型"选择"备份设备"，然后单击"添加"按钮，选择备份设备 eshop_backup_dev。

▶ Step3：单击"确定"按钮，返回"还原数据库"窗口，同时选择需要还原的备份集"eshop-完整 数据库 备份"和"eshop- 事务日志  数据库  备份"，如图 14–30 所示。如果没有删除原数据库 eshop，则需要在"选项"界面的"还原选项"区域中选择"覆盖现有数据库"，如图 14–31 所示。

▶ Step4：单击"确定"按钮，出现"成功还原"的提示信息，单击提示信息框中的"确定"按钮，完成 eshop 数据库事务日志备份的还原。同时，可以检查 eshop 数据库中的数据已还原到事务日志备份时的状态，employee 表已经恢复存在，而且新添加的那条记录也存在。

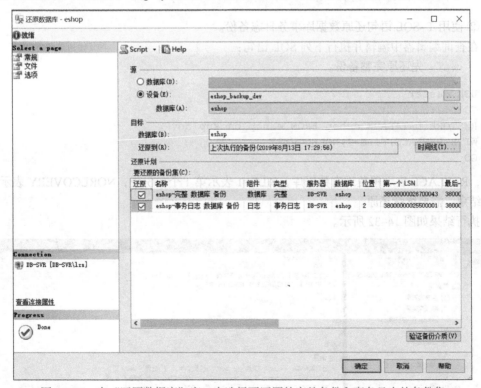

图 14–30   在"还原数据库"窗口中选择要还原的完整备份和事务日志的备份集

图 14-31 "还原数据库"窗口中"选项"页界面

② 使用 T-SQL 语句还原数据库事务日志备份。

在查询编辑器中编辑并执行下列 SQL 语句：

● Step1：先还原完整备份。

```
USE master
GO
RESTORE DATABASE eshop FROM eshop_backup_dev
WITH REPLACE,FILE=1,NORECOVERY
GO
```

其中，REPLACE 表示覆盖现有数据库，FILE=1 表示第 1 个备份集，NORECOVERY 表示还原还没结束，需要继续还原。

执行结果如图 14-32 所示。

图 14-32 使用 T-SQL 语句还原数据库完整备份（还原事务日志备份前）

提醒：可以看到 eshop 数据库显示"正在还原…"，这表示数据库正在还原，还原还没结束，需要再做下一步的还原，此时，数据库是不可操作的。

▶ Step2：再还原事务日志备份：

```
RESTORE LOG eshop FROM eshop_backup_dev
WITH FILE=2,RECOVERY
```

其中，FILE=2 表示第 2 个备份集，RECOVERY 表示还原已经结束，不需要继续还原。

执行结果如图 14-33 所示。

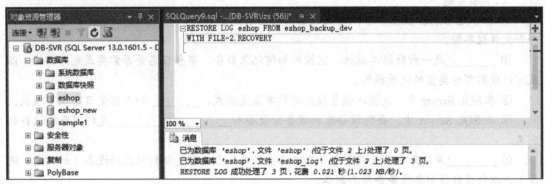

图 14-33  使用 T-SQL 语句还原事务日志备份

提醒：此时，可以看到 eshop 数据库不再显示"正在还原…"，这表示数据库还原已经结束，不需要再做下一步的还原，同时，数据库是可操作的。

项 目 总 结

本项目详细介绍了 SQL Server 的数据库备份与还原，主要内容包括备份设备、恢复模式、备份类型等相关概念，以及创建备份设备，实现完整备份与还原、差异备份与还原、事务日志备份与还原。

1. 关键知识

① 备份与还原的概念。

② 逻辑备份设备、物理备份设备的概念。

③ 恢复模式的概念，以及 3 种恢复模式的概念和作用。

④ 完整备份、差异备份和事务日志备份的概念和区别。

⑤ 创建备份设备的 SQL 语法格式。

⑥ 实现完整备份与还原的 SQL 语法格式。

⑦ 实现差异备份与还原的 SQL 语法格式。

⑧ 实现事务日志备份与还原的 SQL 语法格式。

2. 关键技能

① 创建备份设备。

② 实现完整备份与还原。

③ 实现差异备份与还原。

④ 实现事务日志备份与还原。

## 拓 展 训 练

### 1. 知识训练

（1）填空题

① 在 SQL Server 数据库中，常见的备份类型有完整备份、_____、事务日志备份、文件和文件组备份。

② _____是一种数据库属性，它控制如何记录事务、事务日志是否需要或允许备份，以及可以使用哪些类型的还原操作。

③ 在 SQL Server 中，数据库恢复模式有简单恢复模式、_____和大容量日志恢复模式。

④ 在 SQL Server 中，备份设备有物理备份设备和_____，_____是物理备份设备的别名。

⑤ _____是从数据库或其事务日志中将数据或日志记录复制到相应的设备（如磁盘、磁带），以创建数据副本或事务日志副本。

⑥ _____是以最近一次的完整数据备份作为"基准"，备份自该次完整备份后发生更改的数据。

（2）选择题

① 下列选项中，能将数据库恢复到某个时间点的是（    ）。

    A. 完整备份                    B. 事务日志备份

    C. 差异备份                    D. 文件和文件组备份

② 在 SQL Server 中，对系统数据库 master 进行备份时，只能选择的备份类型是（    ）。

    A. 完整备份                    B. 差异备份

    C. 事务日志备份               D. 文件和文件组备份

③ 下列选择中，不支持事务日志备份且具有较高的安全风险的恢复模式是（    ）。

    A. 简单恢复模式              B. 完整恢复模式

    C. 大容量日志恢复模式      D. 完整备份

④ 下列系统数据库中，不能进行备份的是（    ）。

    A. tempdb      B. msdb          C. master          D. model

⑤ 下列描述，错误的是（    ）。

    A. 当数据被破坏或丢失，可利用有效的备份数据进行恢复

    B. 不管是采用何种备份策略，完整备份是必需的基本备份

    C. 创建差异备份前，应已创建过完整备份

    D. 差异备份是备份自上一次事务日志备份以后发生的所有日志记录

⑥ RESTORE LOG 语句是执行（    ）。

    A. 恢复完整备份              B. 恢复事务日志备份

    C. 恢复差异备份              D. 备份事务日志

2. 技能训练

在"教学管理系统"中，其数据库为 schoolDB，学生表 student 结构参见表 4-8。

使用 T-SQL 语句完成如下任务：

① 根据表 4-8 创建学生表 student，如果数据库中已经存在这个表，就不需要再创建，并添加一部分记录。

② 创建一个备份设备，备份设备逻辑名为 schoolDB_backup_dev，对应的物理文件的保存目录为 E:\schoolDB_bak（注：建议先确保数据库服务器上已创建此目录），物理文件名为 schoolDB.bak。

③ 对 schoolDB 数据库进行完整备份，备份到 schoolDB_backup_dev 设备中。然后，删除 schoolDB 数据库，再利用备份好的完整备份进行恢复，并验证恢复的数据是有效的。

④ 在③的完整备份基础上，再对数据库中 student 表删除 1 条记录，并添加 2 条新记录，然后进行差异备份。然后删除 student 表，再利用完整备份和差异备份进行恢复，并验证恢复的数据是有效的。

⑤ 在③的完整备份基础上，进行如下操作：

* 对数据库中 student 表添加 1 条新记录，然后进行事务日志备份，记为 schoolDB-log1。
* 在①的基础上，再添加 3 条记录，再次进行事务日志备份，记为 schoolDB-log2，并验证恢复的数据是有效的。
* 删除数据库 schoolDB。
* 利用完整备份、事务日志备份 schoolDB-log1 和 schoolDB-log2，还原到最近的数据库状态。
* 验证恢复的数据是有效的。

## 附录 A　安装 SQL Server 2016

SQL Server 2016 有不同的版本，不同版本的 SQL Server 能够满足不同单位和个人的功能要求、性能要求、运行要求以及价格要求，可以分为主要版本、专业版本和扩展版本。主要版本有 Enterprise 版（64 位和 32 位）、Business Intelligence 版（64 位和 32 位）、Standard 版（64 位和 32 位），专业版本有 Web 版（64 位和 32 位），扩展版本有 Developer 版（64 位和 32 位）、Express 版（64 位和 32 位）。本附录以 Enterprise 版为例介绍 SQL Server 2016 的安装过程。

SQL Server 2016 服务器有不同的组件，可以根据实际需求选择最佳的组件。主要组件如表 A-1 所示。

表 A-1　SQL Server 2016 服务器组件

| 服务器组件 | 描　　述 |
|---|---|
| SQL Server 数据库引擎 | SQL Server 数据库引擎包括数据库引擎（用于存储、处理和保护数据的核心服务）、复制、全文搜索、用于管理关系数据和 XML 数据的工具以及 Data Quality Services（DQS）服务器 |
| Analysis Services | Analysis Services 包括用于创建和管理联机分析处理（OLAP）以及数据挖掘应用程序的工具 |
| Reporting Services | Reporting Services 包括用于创建、管理和部署表格报表、矩阵报表、图形报表以及自由格式报表的服务器和客户端组件，也是一个可用于开发报表应用程序的可扩展平台 |
| Integration Services | Integration Services 是一组图形工具和可编程对象，用于移动、复制和转换数据 |
| Master Data Services | Master Data Services (MDS) 是针对主数据管理的 SQL Server 解决方案。可以配置 MDS 来管理任何领域（产品、客户、账户）；MDS 中可包括层次结构、各种级别的安全性、事务、数据版本控制和业务规则，以及可用于管理数据的用于 Excel 的外接程序 |
| R Services（数据库内） | R Services（数据库内）支持在多个平台上使用可缩放的分布式 R 解决方案，并支持使用多个企业数据源（如 Linux、Hadoop 和 Teradata 等） |

1. 安装环境

操作系统：Windows 8.1、Windows 10、Windows Server 2008、Windows Server 2012、Windows Server 2016。

内存：Express Edition 最低 512 MB，建议 1 GB，其他版本最低 1 GB，建议 4 GB。

硬盘：6 GB 以上可用磁盘空间。

2. 安装过程

◯ Step1：以系统管理员的身份登录操作系统，放入 SQL Server 2016 系统光盘或用虚拟光驱加载 SQL Server 2016 系统的 ISO 光盘映像文件，将自动运行 SQL Server 2016 的安装程序，如果没有，可手动执行安装程序 setup.exe。

▶ Step2：安装程序自动检测操作系统的版本及补丁是否符合要求，符合要求后进入安装中心，如图 A-1 所示。

图 A-1　SQL Server 安装中心

▶ Step3：在 SQL Server 安装中心，单击左边栏的"安装"，显示 SQL Server 安装中心的安装界面，如图 A-2 所示。

图 A-2　SQL Server 安装中心的安装界面

▶ Step4：单击右边栏的"全新 SQL Server 独立安装或向现有安装添加功能"，进入"产品密钥"界面，如图 A-3 所示。输入产品密钥，或者指定 SQL Server 的免费版本，如 Evaluation 版本或 Express 版本，Evaluation 版本有 180 天的试用期。

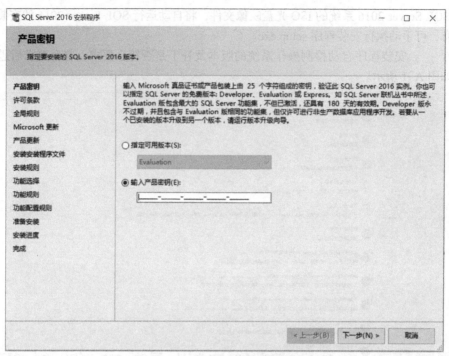

图 A-3 "产品密钥"界面

● Step5：完成产品密钥的输入后，单击"下一步"按钮，进入"许可条款"界面，如图 A-4 所示。

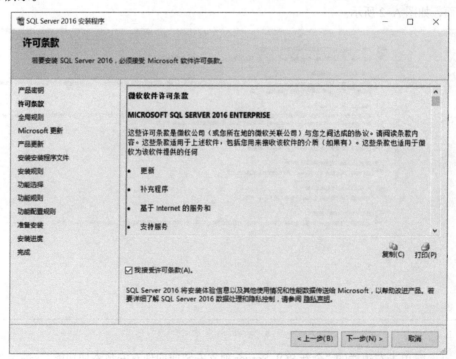

图 A-4 "许可条款"界面

● Step6：选中"我接受许可条款"复选框，然后单击"下一步"按钮，进入"全局规则"

检测界面，如图 A-5 所示。

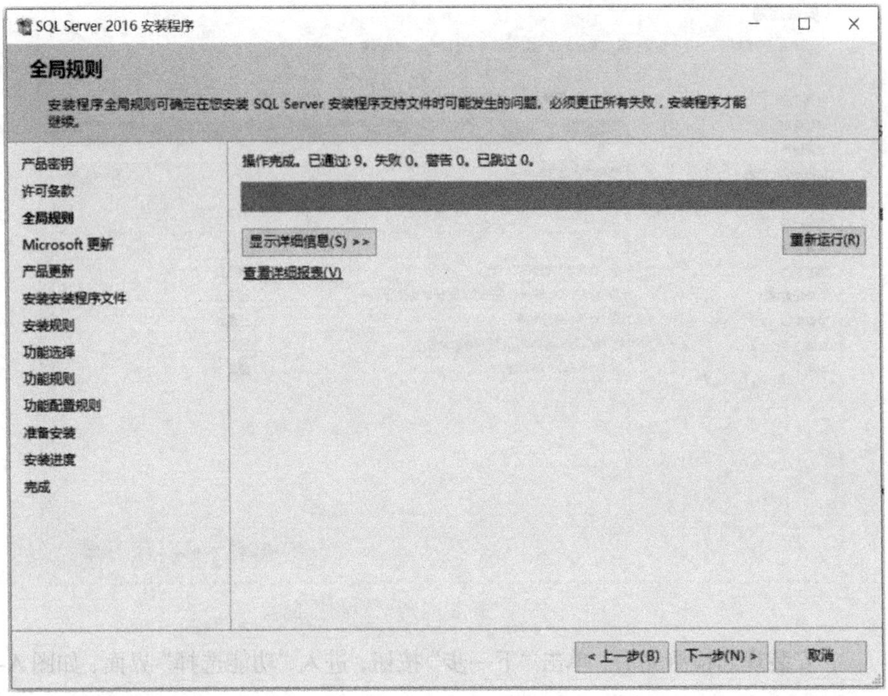

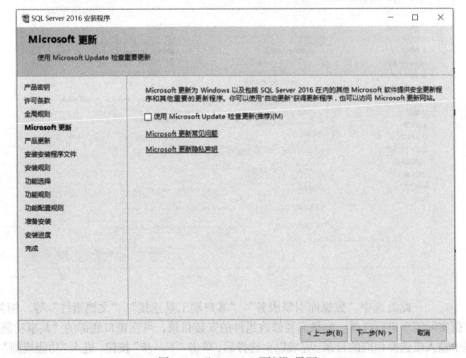

图 A-5 "全局规则"检测界面

Step7：检测完成后，单击"下一步"按钮，进入"Microsoft 更新"界面，如图 A-6 所示。

图 A-6 "Microsoft 更新"界面

Step8：单击"下一步"按钮，进入"安装规则"检测界面，如图 A-7 所示。

图 A-7　"安装规则"检测界面

● Step9：安装规则检测完后，单击"下一步"按钮，进入"功能选择"界面，如图 A-8 所示。

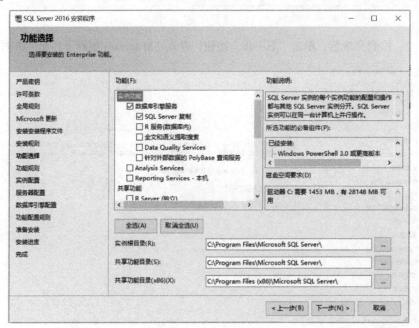

图 A-8　"功能选择"界面

● Step10：此处选中"数据库引擎服务""客户端工具连接""文档组件"等，相关组件可以根据实际需求进行选择。如果需要修改组件的安装目录，可在窗口底部的"共享功能目录"文本框中输入或选择相应的目录。完成以上选择后，单击"下一步"按钮，进入"功能规则"界面，如图 A-9 所示。

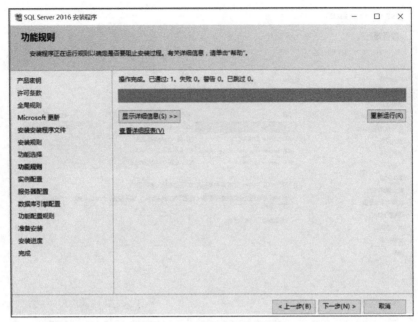

图 A-9　"功能规则"界面

● Step11：功能规则运行完成后，单击"下一步"按钮，进入"实例配置"界面，如图 A-10 所示。

图 A-10　"实例配置"界面

● Step12：选择"默认实例"，实例 ID 为 MSSQLSERVER。如果本机器上已经安装了一个数据库实例，再次安装第二个实例时，则需选择"命名实例"，并输入命名实例的 ID，不过一般情况下，在一台机器上只安装一个实例。完成上述操作后，单击"下一步"按钮，进入"服务器配置"界面，如图 A-11 所示。

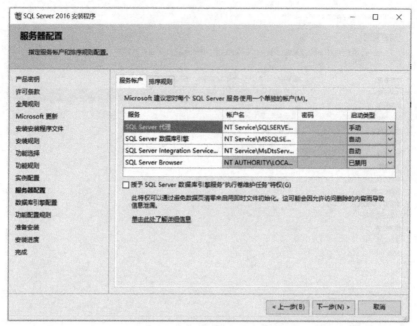

图 A-11　"服务器配置"界面

● Step13：在"服务器配置"界面，设置各服务的启动服务账户和启动类型。可以设置使用本地内置账户和使用域账户来启动各服务，建议选择本地内置的系统账号。这些设置在安装完成后，也可以进行修改。完成上述操作后，单击"下一步"按钮，进入"数据库引擎配置"界面，如图 A-12 所示。

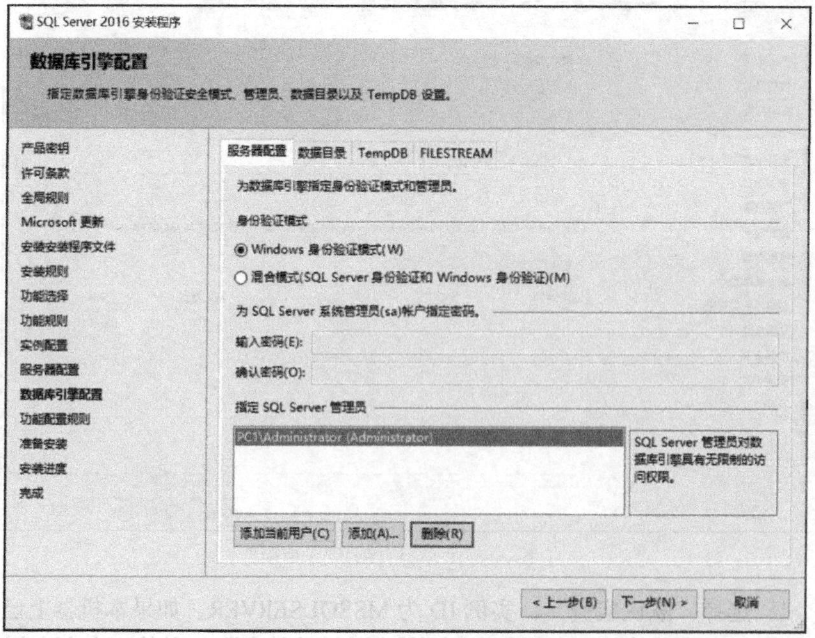

图 A-12　"数据库引擎配置"界面

● Step14：在"数据库引擎配置"界面，选择身份验证模式，并指定 SQL Server 管理员账户。身份验证模式在安装完毕后，可以修改。本例选择"Windows 身份验证模式"，指定 SQL

Server 管理员账户为 Windows 系统的 Administrator。完成上述操作后，单击"下一步"按钮，进入"功能配置规则"界面，如图 A-13 所示。

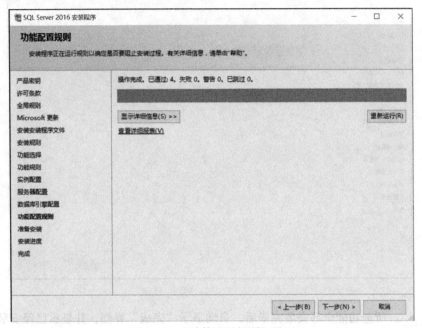

图 A-13 "功能配置规则"界面

⏵ Step15：功能配置规则检测完毕后，单击"下一步"按钮，进入"准备安装"界面，如图 A-14 所示。

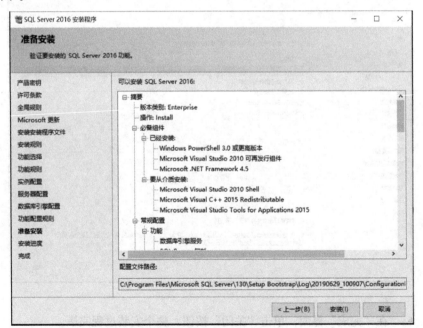

图 A-14 "准备安装"界面

⏵ Step16：在"准备安装"界面中，显示已选择需要安装的功能的摘要信息和配置文件路径。单击"安装"按钮，进入"安装进度"界面，如图 A-15 所示。

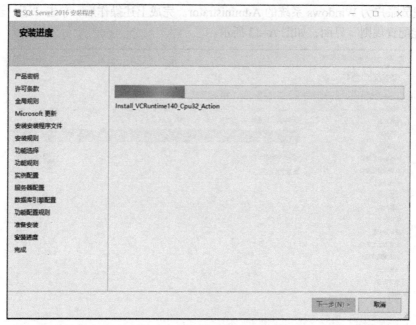

图 A–15 "安装进度"界面

● Step17：所选功能全部安装完毕后，自动显示"完成"界面，并显示已经安装功能的相关信息，如图 A–16 所示。

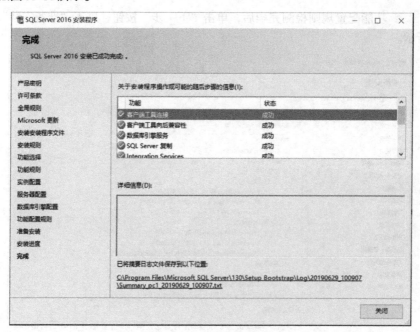

图 A–16 "完成"界面

● Step18：在"完成"界面，单击"关闭"按钮，整个安装过程完毕。

# 附录 B　SQL Server 常用函数

## 1. 聚合函数

① AVG()：平均值函数，返回组中各值的平均值。空值不包括在计算范围内。

② COUNT()：统计函数，返回组中的项数。

③ MAX()：最大值函数，返回表达式中的最大值。

④ MIN()：最小值函数，返回表达式中的最小值。

⑤ SUM()：求和函数，返回表达式中所有值的和。

## 2. 数据类型转换函数

① CAST()：将一种数据类型转换成另一种数据类型。

语法格式：CAST(expression AS data_type [(length)])

② CONVERT()：将一种数据类型转换成另一种数据类型。

语法格式：CONVERT(data_type [(length)] , expression [ , style ])

## 3. 日期和时间函数

① DAY(date)：返回 date 中的日期值。

② MONTH(date)：返回 date 中的月份值。

③ YEAR(date)：返回 date 中的年份值。

④ DATEADD(datepart,number,date)：将 number 时间间隔 ( 有符号整数 ) 与 date 的指定 datepart 部分相加后，产生新的日期。

⑤ DATEDIFF (datepart,startdate,enddate)：返回指定的 startdate 和 enddate 之间所跨的指定 datepart 边界的计数 ( 带符号的整数 )。

⑥ DATENAME(datepart，date)：返回表示指定 date 的 datepart 指定部分的字符串。

⑦ DATEPART(datepart，date)：返回表示指定 date 的指定 datepart 部分的整数。

⑧ GETDATE()：返回当前数据库系统日期和时间，返回值的类型为 datetime。

⑨ ISDATE(expression)：如果 expression 是有效的 date、time 或 datetime 值，则返回 1；否则，返回 0。

## 4. 数学函数

① ABS(numeric_expression)：返回指定数值表达式的绝对值。

② CEILING(numeric_expression)：返回大于或等于指定数值表达式的最小整数。

③ FLOOR(numeric_expression)：返回小于或等于指定数值表达式的最大整数。

④ POWER(float_expression,y)：返回指定表达式的指定幂的值。

⑤ RAND([seed])：返回一个介于 0 到 1( 不包括 0 和 1) 之间的随机 float 值。

⑥ ROUND(numeric_expression，length)：返回一个数值，舍入到指定的长度或精度。

⑦ SIGN(numeric_expression)：返回指定表达式的正号（+1）、零（0）或负号（–1）。

⑧ SQRT(float_expression)：返回指定浮点值的平方根。

⑨ SQUARE(float_expression)：返回指定浮点值的平方。

## 5. 字符串函数

① ASCII(character_expression)：返回字符表达式中最左侧的字符的 ASCII 代码值。

② CHAR(integer_expression)：将 int ASCII 代码转换为字符。

③ LOWER(character_expression)：将大写字符转换为小写字符后返回字符表达式。

④ UPPER(character_expression)：将小写字符转换为大写字符后返回字符表达式。

⑤ LTRIM(character_expression)：返回删除了头部（左边）空格之后的字符表达式。

⑥ RTRIM(character_expression)：返回删除了尾部（右边）空格之后的字符表达式。

⑦ STR(float_expression [ ,length [,decimal ] ])：返回由数值数据转换来的字符数据。

⑧ LEN(string_expression)：返回指定字符串表达式的字符数，其中不包含尾随空格。

⑨ DATALENGTH(expression)：返回用于表示表达式的字节数。

### 6. 取子串函数和字符串比较函数

① LEFT(character_expression,integer_expression)：返回字符串中从左边开始指定个数的字符。

② RIGHT(integer_expression)：返回字符串中从右边开始指定个数的字符。

③ SUBSTRING(expression,start,length)：返回从字符串左边指定字符起，指定字符个数的部分。

④ CHARINDEX (expressionToFind,expressionToSearch [, start_location ])：在一个表达式中搜索另一个表达式并返回其起始位置，如果没发现，则返回 0。

⑤ PATINDEX('%pattern%',expression)：在一个表达式中搜索另一个表达式并返回其起始位置，如果没发现，则返回 0。此函数可以使用通配符。

### 7. 字符串操作函数

① REPLACE(string_expression,string_pattern,string_replacement)：返回用另一个字符串值替换出现的所有指定字符串值后的字符串。

② REPLICATE(string_expression,integer_expression)：返回重复指定字符串的指定次数后的字符串。

③ REVERSE(string_expression)：返回字符串的逆序。

④ SPACE(integer_expression)：返回指定长度空格组成的字符串。

⑤ STUFF(character_expression,start,length,replaceWith_expression)：将字符串插入到另一个字符串中。从第一个字符串的指定开始位置删除指定长度的字符，然后将第二个字符串插入到第一个字符串的指定开始位置。

# 附录 C　项目示例数据表及数据

贯穿本书的教学项目是电子商务系统的数据库，其示例数据库是 eshop，数据库中示例表包括商品表（product）、商品类别表（category）、供应商表（supplier）、订单表（orders）、会员表（member）、员工表（employee）和部门表（department）。各数据表结构及示例数据如表 C-1 ~ 表 C-7 所示。

表 C-1　商品表（product）

| ProID | ProName | Stock | SupID | UnitPrice | Cost | Picture | CatID | OnTime |
|-------|---------|-------|-------|-----------|------|---------|-------|--------|
| 10101 | 华为 3G 手机 | 20 | 14001 | 1580 | 1360 | | 101 | |

| ProID | ProName | Stock | SupID | UnitPrice | Cost | Picture | CatID | OnTime |
|-------|---------|-------|-------|-----------|------|---------|-------|--------|
| 10102 | 华为 4G 手机 | 35 | 14001 | 1960 | 1690 | | 101 | |
| 10103 | 联想 3G 手机 | 59 | 14001 | 1400 | 1250 | | 101 | |
| 10104 | 联想 4G 手机 | 45 | 14001 | 1690 | 1480 | | 101 | |
| 20101 | 惠普激光打印机 | 23 | 14002 | 1670 | 1500 | | 201 | |
| 20102 | 联想激光打印机 | 36 | 14002 | 1500 | 1370 | | 201 | |
| 20201 | 惠普喷墨打印机 | 10 | 14002 | 288 | 246 | | 202 | |
| 20202 | 联想喷墨打印机 | 22 | 14002 | 265 | 230 | | 202 | |
| 30101 | 联想台式电脑 | 40 | 14003 | 2680 | 2300 | | 301 | |
| 30201 | 华硕笔记本电脑 | 18 | 14003 | 2900 | 2650 | | 302 | |
| 40101 | 派克钢笔 | 74 | 14004 | 99 | 78 | | 401 | |
| 40201 | 得力指纹考勤机 | 19 | 14004 | 308 | 255 | | 402 | |
| 40202 | 科密人脸识别考勤机 | 13 | 14004 | 699 | 520 | | 402 | |
| 50101 | 佳能数码相机 | 60 | 14005 | 2899 | | | 501 | |
| 50201 | 索尼摄像机 | 52 | 14005 | 5860 | | | 502 | |
| 60101 | 康佳 42 英寸电视机 | 28 | 14006 | 2599 | 2380 | | 601 | |
| 60102 | 创维 50 英寸电视机 | 39 | 14006 | 4600 | 4260 | | 601 | |

表 C-2　商品类别表（category）

| CatID | CatName | Describe |
|-------|---------|----------|
| 101 | 手机 | 各种 3G、4G 智能手机 |
| 201 | 激光打印机 | 各种激光打印机 |
| 202 | 喷墨打印机 | 各种喷墨打印机 |
| 301 | 台式电脑 | 各种台式电脑 |
| 302 | 笔记本电脑 | 各种笔记本电脑 |
| 401 | 文具 | 各种笔、文具盒等文具设备 |
| 402 | 办公设备 | 各种考勤机等办公设备 |
| 501 | 照相机 | 各种数码照相机 |
| 502 | 摄像机 | 各种摄像机 |
| 601 | 电视机 | 各种尺寸彩电 |
| 602 | 冰箱 | 各种型号的冰箱 |

表 C-3　供应商表（supplier）

| SupID | SupName | Contact | Address | Telephone |
|-------|---------|---------|---------|-----------|
| 14001 | 三国通讯有限公司 | 刘备 | 广州市天河区 | 11111111 |
| 14002 | 导向打印机有限公司 | 曹操 | 广州市黄埔区 | 22222222 |
| 14003 | 狂想电脑有限公司 | 赵云 | 深圳市罗湖区 | 33333333 |
| 14004 | 文文办公设备有限公司 | 张飞 | 长沙市雨花区 | 44444444 |
| 14005 | 西游数码有限公司 | 唐僧 | 深圳市宝安区 | 55555555 |
| 14006 | 超人电器有限公司 | 孙悟空 | 北京市朝阳区 | 66666666 |

表 C-4　订单表（orders）

| OrderID | MemID | ProID | Qty | Total | OderDate |
|---------|-------|-------|-----|-------|----------|
| 1501001 | 8001 | 10101 | 2 | 3160 | 2015/1/8 |

续表

| OrderID | MemID | ProID | Qty | Total | OderDate |
|---------|-------|-------|-----|-------|----------|
| 1501002 | 8001 | 10104 | 1 | 1690 | 2015/1/12 |
| 1501003 | 8003 | 20201 | 3 | 864 | 2015/1/14 |
| 1501004 | 8004 | 30201 | 3 | 8700 | 2015/1/20 |
| 1501005 | 8005 | 40101 | 4 | 396 | 2015/1/25 |
| 1502006 | 8006 | 40201 | 2 | 616 | 2015/2/3 |
| 1502007 | 8006 | 50101 | 5 | 14495 | 2015/2/9 |
| 1502008 | 8008 | 10103 | 3 | 4200 | 2015/2/19 |
| 1503009 | 8009 | 60101 | 2 | 5198 | 2015/3/16 |
| 1503010 |  | 60101 | 1 | 2599 | 2015/3/22 |

表 C-5 会员表（member）

| MemID | MemName | Address | Telephone | UserName | UserPwd |
|-------|---------|---------|-----------|----------|---------|
| 8001 | 孙权 | 上海市徐汇区 | 81845670 | sunq | 123456 |
| 8002 | 吕布 | 北京市房山区 | 82345671 | lvb | 123456 |
| 8003 | 关羽 | 长沙市芙蓉区 | 83345672 | guany | 123456 |
| 8004 | 貂蝉 | 长沙市天心区 | 84345673 | diaoc | 123456 |
| 8005 | 司马昭 | 广州市越秀区 | 85345674 | shimz | 123456 |
| 8006 | 周瑜 | 南京市玄武区 | 86345675 | zhouy | 123456 |
| 8007 | 孙策 | 上海市徐汇区 | 87345676 | sunc | 123456 |
| 8008 | 孙坚 | 上海市长宁区 | 88345677 | sunj | 123456 |
| 8009 | 关平 | 长沙市芙蓉区 | 89567833 | guanp | 123456 |
| 8010 | 司马师 | 广州市海珠区 | 80823468 | shims | 123456 |

表 C-6 员工表（employee）

| EmpID | EmpName | DepID | Sex | Telephone | UserName | UserPwd |
|-------|---------|-------|-----|-----------|----------|---------|
| 9001 | 张三 | 1 | 男 | 88881111 | zhangs | 888888 |
| 9002 | 李四 | 2 | 男 | 88882222 | lis | 888888 |
| 9003 | 王五 | 1 | 男 | 88883333 | wangw | 888888 |
| 9004 | 赵六 | 2 | 男 | 88884444 | zhaol | 888888 |
| 9005 | 刘燕 | 3 | 女 | 88885555 | liuy | 888888 |

表 C-7 部门表（department）

| DepID | DepName | Manager | PeoTotal |
|-------|---------|---------|----------|
| 1 | 客户服务部 | 9001 | 20 |
| 2 | 销售部 | 9004 | 10 |
| 3 | 财务部 | 9005 | 8 |